EXPLORATION

SCIENTIFIQUE

DE L'ALGÉRIE

PENDANT LES ANNÉES 1840, 1841, 1842

PUBLIÉE

PAR ORDRE DU GOUVERNEMENT

ET AVEC LE CONCOURS D'UNE COMMISSION ACADÉMIQUE

BEAUX-ARTS

ARCHITECTURE ET SCULPTURE

PAR AMABLE RAVOISIÉ

ARCHITECTE

MEMBRE DES COMMISSIONS SCIENTIFIQUES DE MORÉE ET DE L'ALGÉRIE, DE LA COMMISSION DES BÂTIMENTS CIVILS D'AFRIQUE,
CHEVALIER DE LA LÉGION D'HONNEUR.

29ᵉ Livraison

A PARIS

CHEZ FIRMIN DIDOT FRÈRES, LIBRAIRES

IMPRIMEURS DE L'INSTITUT DE FRANCE
RUE JACOB, 56.

M DCCC L.

BEAUX-ARTS

ARCHITECTURE ET SCULPTURE

SUITE DE LA

PREMIÈRE PARTIE

ARCHITECTURE ET SCULPTURE.

PROVINCE DE CONSTANTINE.

CHAPITRE SIXIÈME.

MEDJEZ-AMAR,

ANNOUNA

ET

HAMMAM-MESKHOUT'IN.

Medjez-Amar est un lieu situé sur la route de Constantine à Bône, près du confluent de l'*Ouad-Cherf* et de l'*Ouad-Zénâti,* au-dessous duquel ces deux rivières prennent le nom de l'*Ouad-Seïbous.*

Cette position, suffisamment pourvue de bois et d'eau, est à 88,000 mètres de la première de ces villes, et à 71,500 mètres de la seconde; on la choisit pour y établir un vaste camp, afin de concentrer toutes les ressources indispensables au corps expéditionnaire envoyé contre Constantine. Ce fut de ce point que partit le comte Damrémont, alors gouverneur général de l'Algérie, et chef de l'expédition. Il projetait toutefois de faire de Guelma, qui est mieux pourvue de toute espèce de matériaux et d'eau salubre, la place principale de dépôt, et le centre d'une population capable de fertiliser tout le territoire.

Hadj-Ahmed, à la tête de 10,000 hommes, tenta de surprendre le camp de Medjez-Amar, et l'attaqua avec fureur. Il fut repoussé, après avoir éprouvé des pertes considérables; et ce fut le dernier effort du bey de Constantine, qui ne se montra plus devant nous. Il n'osa pas même rentrer dans sa capitale, dont il abandonna la défense à son lieutenant Ben-Aïssa.

Le camp de Medjez-Amar fut également choisi par nous comme point central des

localités romaines que nous avions à visiter , lorsque l'escorte qui nous avait été accordée
pour faciliter nos recherches eut reçu l'ordre de rentrer à Guelma. Recommandé par
le colonel Herbillon, commandant supérieur du cercle de Guelma, au cheik Mustapha,
auquel la garde du camp avait été confiée depuis qu'on avait jugé nécessaire de l'a-
bandonner, il nous devint facile de continuer paisiblement nos investigations. Les
Arabes , ne comprenant pas l'objet des opérations qu'ils nous voyaient entreprendre,
avaient d'abord conçu de vives inquiétudes; ils reprirent confiance, lorsque le caractère pacifique de tous nos mouvements leur eut été bien démontré.

Medjez-Amar, avant comme après l'établissement du camp français, n'était point
habité par des populations sédentaires. Tout ce pays inculte et sauvage, depuis la chute
de la domination romaine jusqu'à nos jours, n'a généralement été occupé que par des
douars peu populeux; aussi les bêtes féroces, telles que lions, hyènes et panthères, en
sont-elles devenues les hôtes habituels. C'est une circonstance que le voyageur ne peut
longtemps ignorer, l'air étant souvent rempli de rugissements furieux.

Les ruines antiques que l'on rencontre sur toute l'étendue du territoire prouvent
assez combien l'aspect du pays devait être différent, et combien aussi la population devait être nombreuse sous l'occupation romaine. En effet, non-seulement Announa et
Hammam-Meskhout'in offraient des centres de population considérables, mais il se
trouvait encore une autre ville sur la rive droite de l'Ouad-Zénâti, à 4,000 mètres de
Medjez-Amar et à 2,000 mètres environ des bains thermaux. Nous en avons indiqué
les ruines sur le plan général ; on y remarque des restes de citernes, une tour élevée
sur de beaux rochers, des vestiges d'enceinte, et de nombreux matériaux provenant
de divers édifices.

Medjez Amar lui-même, en raison de sa position avantageuse sur le confluent de
deux rivières, a dû certainement aussi servir d'emplacement à quelque cité romaine, ou
au moins à quelque poste militaire important. Ce qui paraîtrait confirmer cette sup-
position, ce sont non-seulement les débris d'édifices qui gisaient sur le sol à l'époque
où furent élevées les constructions nouvelles du camp français, mais encore la découverte de plusieurs inscriptions tumulaires, dont il ne nous a été possible de reproduire,
à la fin du chapitre, que celles qui ont échappé à une destruction bien regrettable, et
commandée sans doute par une impérieuse nécessité.

ANNOUNA est située au sud-ouest, et à 9,500 mètres environ de Medjez-Amar. On remarque les vestiges d'une voie romaine sur une partie du chemin montagneux qui
relie ces deux localités, pour se prolonger ensuite jusqu'à Constantine.

L'époque à laquelle remonte la fondation de cette ancienne ville ne laisse aucun
doute; mais le nom qu'elle portait dans l'antiquité n'est point parvenu jusqu'à nous. Le
nom *Announa* est plutôt d'origine arabe que latine; il contient évidemment le mot
Nouna, par lequel on désigne assez communément beaucoup de femmes indigènes.

Depuis la chute de l'empire romain, Announa a été complétement abandonnée, et
l'emplacement qu'elle occupait n'a plus reçu, à de rares intervalles, que des tribus
nomades, recherchant de préférence les ruines d'édifices, qui leur procurent ordinairement un abri plus commode.

A l'époque où nous quittâmes Constantine, à la fin de décembre 1841, pour nous rendre à Guelma (1), nous fîmes une halte sur le petit plateau qui domine l'emplacement d'Announa, afin de reconnaître l'importance du travail que nous nous proposions d'entreprendre sur les antiquités qui s'y trouvent, et qui avaient été déjà signalées à notre attention par les voyageurs Shaw et Peyssonnel (2).

Quinze jours après cette première visite, nous nous acheminions de nouveau vers la cité romaine, accompagnés d'une escorte de trente fantassins. L'officier qui les commandait avait ordre de protéger nos explorations, mais de nous retirer son concours aussitôt que le temps deviendrait mauvais. La prudence rendait cette mesure nécessaire, parce que l'on regardait comme impossible en cette saison de regagner le camp de Guelma, si les eaux, venant à grossir, rendaient le passage du Zénâti et de la Seïbous impraticable.

A peine avions-nous planté nos tentes au milieu des ruines, que le temps devint épouvantable ; et le vent, la grêle et la neige firent bientôt descendre la température à 4 degrés au-dessous de zéro.

Nous eûmes beaucoup à souffrir de cette rigueur atmosphérique ; et notre escorte fut rappelée le troisième jour de notre arrivée à Announa, emportant avec elle tout le matériel de campement, et les instruments de fouille que nous ne pouvions plus conserver. Ainsi abandonnés à nous-mêmes, nous fûmes contraints de revenir tous les soirs chercher un abri à Medjez-Amar, jusqu'à ce que notre travail, qui devait nécessairement se ressentir des circonstances dans lesquelles il avait été entrepris, fût entièrement terminé (3).

Le plateau sur lequel s'élèvent les ruines d'Announa est de toute part escarpé, excepté au sud-ouest ; il se relie de ce côté aux contre-forts inférieurs du *Râs-el-Akba*. On y parvient en quittant, à l'ouest, le chemin de Constantine, pour descendre d'abord dans un ravin profond où coule un ruisseau, et remonter ensuite péniblement les pentes rapides au haut desquelles sont les ruines que nous nous proposons de décrire. Un sentier, qui conduit à Guelma, est pratiqué dans des pentes non moins escarpées, à l'est d'Announa. En suivant cette dernière direction, plus courte que le chemin ordinaire, on évite Medjez-Amar, on passe l'Ouad-Cherf, et l'on se trouve ainsi sur la rive droite de l'Ouad-Seïbous, que l'on n'a plus à traverser pour arriver à Guelma. Nous avons parcouru l'un et l'autre des deux chemins, tracés sur le plan général pl. I, lequel représente également la topographie de ces riches contrées, ainsi que la position relative de Medjez-Amar, d'Announa, de Hammam-Meskhoutin (4).

(1) Le lieutenant général Négrier, commandant supérieur de la province de l'Est, qui dans toutes les occasions a toujours cherché à seconder nos explorations, s'entendit en cette circonstance avec le Kaïd Aly, afin que ce chef mît à notre disposition une escorte de spahis indigènes, les communications directes, c'est-à-dire par terre, entre Bône et Constantine étant généralement fort rares à cette époque de l'année.

(2) Peyssonnel, lettre XI, page 284 ; Shaw, t. I, chap. III, page 153.

(3) Le colonel Herbillon, forcé, par d'impérieux motifs, de rappeler notre escorte, eut l'extrême obligeance de nous envoyer tous les matins, au camp de Medjez-Amar, un piquet de quatre spahis, pour nous accompagner dans nos excursions.

(4) Nous en devons la communication à l'obligeance et à l'amitié de M. Bonteillou, lieutenant-colonel du génie. Le relevé des positions, que nous avons complété au point de vue de nos recherches archéologiques, a été dressé par cet habile officier supérieur, lorsqu'il fut chargé, comme capitaine, de diriger la construction des bâtiments du camp de Medjez-Amar.

L'assiette de la ville romaine, ainsi concentrée sur le plateau que nous avons décrit, semble présenter une étendue peu considérable. Il est vrai que ses constructions pouvaient s'étendre un peu en dehors de cet emplacement, notamment à l'est et au sud-est; mais cela ne saurait expliquer suffisamment pourquoi une semblable position fut préférée, si elle n'eût été abondamment pourvue d'eaux salubres.

Voulant en effet nous rendre compte des raisons qui avaient pu déterminer le choix d'un pareil emplacement, et ayant examiné avec le plus grand soin les terrains environnants, nous constatâmes l'existence de deux sources sur les pentes inférieures, à l'ouest et à l'est d'Announa. Un aqueduc en maçonnerie, tantôt au-dessous du sol, tantôt à son niveau, pouvait en outre amener dans la cité romaine les eaux d'un ruisseau supérieur, assez considérable pour se verser dans un pli de terrain, et former ainsi un petit étang sur la colline qui se rattache, vers le sud-ouest, au plateau des ruines.

L'état dans lequel se trouvent quelques-uns des édifices qu'on remarque à Announa permet de reconnaître leur destination, d'apprécier le goût des formes architecturales dont ils sont décorés, enfin de fixer d'une manière relative, sinon certaine, l'époque à laquelle doit remonter leur construction. Quant à ceux qui ont été mutilés et en partie détruits par le temps ou par les hommes, il est bien difficile d'arrêter son opinion à leur égard.

Un ARC DE TRIOMPHE, une PORTE TRIOMPHALE à double arcade, une autre PORTE MONUMENTALE isolée, et les restes d'un TEMPLE évidemment chrétien, sont autant d'édifices sur la destination desquels il ne saurait y avoir aucun doute. On ne peut rien arguer de l'isolement dans lequel ils semblent être aujourd'hui : ils se reliaient évidemment à d'autres édifices, au moyen de murs d'enceinte, de portiques ou de toute autre construction élégante, dont on retrouverait probablement les traces sous le terrain qui couvre le sol de la vieille cité.

Ainsi, nous croyons que l'arc de triomphe, marqué B sur le plan général, pl. III, pouvait servir à la décoration d'un des quartiers de la ville, où se trouvaient, dans la partie supérieure, la citadelle, et, à côté, le MARCHÉ, que les Romains nommaient *forum*. Cet édifice est désigné sur le plan par la lettre D.

Dans cette partie élevée d'Announa, qui était certainement le CAPITOLE, on remarque une grande quantité de fragments intéressants. Les uns sont dispersés sur le terrain, par suite de la destruction des édifices eux-mêmes; les autres semblent avoir été apportés par les Arabes, dont les douars ont occupé cet emplacement.

En effet, les indigènes rassemblent souvent près de leurs demeures d'antiques débris, leur attribuant une mystérieuse origine qui plaît à leur imagination, en même temps qu'elle exalte en eux la foi religieuse.

Parmi ces ruines, on remarque des chapiteaux corinthiens d'une assez bonne forme, des morceaux de fûts de colonnes, et des bases, dont plusieurs sont en place; des fragments de statues de marbre, des bas-reliefs sur pierre d'un médiocre intérêt, et enfin des inscriptions tumulaires en très-grand nombre. Des portions de murs d'enceinte bâtis par assises régulières, sur plusieurs desquelles sont sculptés des *phallus*, et d'autres constructions également adossées à l'enceinte, bordent les escarpements nord et nord-ouest; et les assises renversées çà et là se confondent avec les vestiges de toute espèce , que les ronces et les broussailles dérobent en partie aux regards du voyageur.

Après avoir fait exécuter, par les soldats de notre escorte , des fouilles au pied des édifices que nous venons de mentionner, nous crûmes devoir entreprendre des travaux semblables sur un emplacement où le sol, sensiblement élevé à certains endroits, paraissait recouvrir la base d'un monument important. Ces fouilles, que l'ordre du retour au camp de Guelma vint trop tôt interrompre, promettaient déjà un succès complet, lorsqu'il fallut renoncer à les poursuivre. Nous nous bornâmes à constater le succès que nous avions obtenu, dans l'espoir que nos indications seraient utiles à d'autres explorateurs.

Des tronçons de colonnes qui devaient être monolithes à cause de leur longueur, trois bases à riche profil, et deux chapiteaux composites d'une forme élégante et d'un beau travail, bien que très-frustes, tout cela gisant sur l'aire d'un édifice composé de fortes assises, disjointes et déplacées en plusieurs endroits, tels sont les résultats de nos premières recherches; ils font supposer que des travaux de terrassement, entrepris avec soin et intelligence, amèneraient sur ce point, et probablement sur d'autres, les plus précieuses découvertes.

L'étude sérieuse que nous avons faite des monuments d'Announa nous porte à croire qu'ils ont été érigés à des époques différentes, difficiles à déterminer, mais dont on peut approximativement faire remonter le point de départ au commencement du IVe siècle de notre ère. Les édifices qui semblent les plus anciens et présentent les meilleures formes, ont été construits en pierre calcaire fort belle. De ce nombre nous citerons les murs de la citadelle et des constructions environnantes, l'arc de triomphe, un petit édifice marqué F sur le plan général, et enfin les intéressants débris trouvés dans la fouille indiquée par la lettre N' sur le plan d'ensemble, et qui très-probablement appartenaient à un temple ou à quelque autre édifice important, à en juger par les fortes dimensions des détails et par l'élégante sévérité des formes architecturales.

Les deux portes monumentales, l'une à pilastres unis, l'autre à pilastres cannelés, sont évidemment d'une époque moins ancienne, et d'un goût par conséquent moins pur, que les édifices précédemment nommés. Le grès calcaire employé à leur construction n'a pu permettre d'apporter dans le travail ce fini d'exécution qu'on obtient toujours plus facilement avec la pierre ou le marbre.

L'emploi successif qui a été fait, à Announa, de la pierre calcaire et du grès, démontre suffisamment que ces contrées renfermaient à la fois ces deux genres de roches. Au delà de cette localité, on ne tarde pas à les rencontrer séparées l'une de l'autre. Le grès semble former la constitution physique des montagnes qui s'étendent jusqu'à la côte, dans la direction nord-ouest, et la pierre calcaire, celle de ces autres montagnes qui s'approchent de Constantine; leurs aspérités et leurs sommets anguleux offrent à cet égard un caractère tout à fait incontestable.

Announa renferme encore un édifice moins ancien que tous les autres, et dont la destination ne saurait être douteuse : c'était une ÉGLISE CHRÉTIENNE, construite à une époque postérieure à l'établissement des Romains dans le pays, avec des matériaux qui avaient évidemment appartenu à d'autres édifices. Ainsi on y remarque une inscription renversée sur le côté, deux mauvais bas-reliefs, un fragment de pilastre cannelé, et plusieurs moulures. Les colonnes qui supportaient les bas-côtés proviennent également d'édifices plus anciens.

Les recherches les plus actives n'ont pu nous faire découvrir aucune inscription qui jetât quelque lumière sur le passé d'Announa. Nous avons copié cependant plus de cinquante inscriptions, mais toutes étaient tumulaires. Aussi n'avons-nous cru devoir en publier que quelques-unes, comme de simples spécimens des autres.

Le travail graphique dont nous faisons suivre cette description sommaire, en forme le complément indispensable.

Hammam-Meskhout'in, éloigné de Medjez-Amar d'environ 4,400 mètres, en suivant la direction ouest, est placé dans une situation des plus avantageuses, sur la rive droite de l'Ouad-Zénâtï.

L'aspect que présente une multitude de cônes réunis sur un même point, sans qu'on puisse au premier abord en comprendre ni la nature ni l'objet ; l'espèce de cascade d'eau bouillante qui descend, d'étage en étage, jusque dans une petite rivière bordée de frais ombrages ; des pans de murailles et des arceaux d'édifices romains, dont la base est engloutie dans un sol artificiel composé d'une matière blanchâtre, recouverte par endroits d'une végétation à la fois puissante et confuse, présentant ici des lauriers roses, là des cactus et des chamærops-humilis, c'est-à-dire des palmiers nains : tous ces objets si variés, voilés en partie par d'abondantes vapeurs sulfureuses que produit la température élevée de sources d'eaux thermales jaillissant de tous côtés, frappent vivement l'imagination, en même temps qu'ils étonnent l'esprit.

Les Arabes, en donnant à ces sources d'eau chaude le nom de *Hammam-Meskhout'in*, c'est-à-dire *bains maudits*, trahissent la terreur que leur ont inspirée des phénomènes qu'ils ne pouvaient comprendre. Les histoires extravagantes qu'ils racontent à ce sujet dénotent à la fois leur ignorance, et leur goût passionné pour tout ce qui est merveilleux. Ils croient, par exemple, que tous ces cônes s'élevant au-dessus du sol, et variant de formes et de proportions, ne sont autre chose que les tentes pétrifiées d'une tribu arabe, dont les habitants, maudits par la colère d'Allah qu'ils avaient gravement offensé, furent condamnés à une immobilité éternelle, et recouverts d'un lourd vêtement de chaux, chacun dans la position où le souffle de Dieu l'avait saisi. Ils entrent même à ce sujet dans les détails les plus tragiques et les plus circonstanciés.

Tous les voyageurs qui ont visité l'Afrique, soit au commencement, soit à la fin du siècle dernier, ont donné une définition plus ou moins complète du phénomène de Hammam-Meskhout'in. Le docteur Peyssonnel et le naturaliste Poiret (1) les décrivent d'une manière plus intéressante que les autres, au point de vue de la science géologique. Mais l'explication la plus satisfaisante que nous connaissions de la formation de ces singuliers cônes, dont les plus élevés n'ont pas moins de huit mètres, c'est celle que donne le général Duvivier, dans un savant mémoire

____

(1) Peyssonnel, lettre XI, pag. 309 et suiv.; Poiret, t. I, pag. 154 et suiv.

publié sur une portion de l'Algérie au sud de Guelma (1). Nous la transcrivons textuellement ici :

« L'eau, dont la température est très-élevée, contient du carbonate de chaux en dissolution : cette eau commence par sourdre de terre tout à coup, en un point quelconque de la plaine. Son carbonate de chaux dépose et forme un cercle de cette substance, solide, fixé à la terre sur laquelle il pose, mais percé à son centre par le jet de la source ; journellement ce dépôt va en s'épaississant verticalement, et forcément aussi en s'élargissant, surtout à sa base : ce sont des troncs de cône qui grandissent journellement en hauteur et en rayons de bases, et qui sont percés, suivant leur axe vertical, par l'eau qui continue à jaillir. Ils montent ainsi jusqu'à ce qu'ils soient à une hauteur équivalente à la force motrice d'ascension de la source. Là, tout s'arrête ; le contact de l'air et le refroidissement absolu de toute la masse conique, qui n'est plus arrosée extérieurement par cette eau bouillante, aident à former un précipité qui ferme l'orifice supérieur du cône : peu à peu l'axe en totalité se remplit ainsi. De là l'origine de ces cônes formés et finis depuis des siècles, de ceux en formation à tous les degrés possibles, de ces nouvelles sources, qui percent la terre pour satisfaire à la nécessité d'expansion qui pousse ces eaux souterraines. »

M. Tripier, pharmacien en chef de l'armée d'Afrique, a également publié sur Hammam-Meskhout'in un excellent mémoire, dans lequel les différentes questions que comporte le sujet sont traitées à fond (2).

Une localité pourvue d'aussi grands avantages naturels devait infailliblement attirer la sérieuse attention des Romains. On reconnaît en effet, dans les vestiges qui subsistent encore, qu'ils y avaient fondé un établissement thermal d'une grande importance. Malheureusement, les fouilles qu'il aurait fallu entreprendre pour étudier à loisir les BAINS ANCIENS ne pouvaient s'exécuter à Hammam-Meskhout'in, attendu que les immenses dépôts blanchâtres formés par les précipités de carbonate de chaux contenu dans les eaux minérales, ont encombré sur une très-forte épaisseur, non-seulement tous les bassins des anciens thermes romains, mais encore tout l'espace de terrain où ces eaux se sont frayé un passage.

D'autres constructions de la même époque occupent le point culminant situé au nord-est, formant escarpement à la petite rivière tributaire de l'Ouad-Zénâti. Les murs, formés de fortes assises, sont placés parallèlement l'un à l'autre, et servaient probablement de réservoirs d'eau froide, destinés à modifier la température élevée des eaux thermales.

La propriété curative de ces eaux a été constatée par une suite d'expériences décisives, auxquelles s'est livré le corps médical de l'armée d'Afrique. Sous l'administration éclairée du général Randon, commandant supérieur de la subdivision de Bône, des militaires malades ont été envoyés à Hammam-Meskhout'in, et y ont été

---

(1) Recherches et notes sur la portion de l'Algérie au sud de Guelma, depuis la frontière de Tunis jusqu'au mont Aurèss compris, indiquant les anciennes routes romaines encore apparentes ; avec carte sur matériaux entièrement nouveaux. In-4° ; Paris, 1841.

(2) Tripier, *Annales de chimie et de physique*, 3ᵉ série, t. 1, pag. 340 et suiv. ; Paris, 1841.

traités avec un grand succès. Il serait donc à désirer que cette localité, pourvue de ressources si avantageuses, fût choisie de préférence par le Gouvernement pour servir de centre de population, et recevoir un grand établissement médical. Cette mesure, qui tendrait à peupler un des plus beaux pays de l'Algérie, procurerait en outre, aux habitants et à l'armée, des moyens curatifs qu'il faut venir à grands frais chercher en France, et que la fatigue du voyage, jointe à l'existence du mal, rend presque toujours infructueux.

Le plateau de Hammam-Meskhout'in, admirablement situé, contient encore, sous des couches peu profondes, la pierre de taille, la chaux et le calcaire en abondance; l'essence de chêne se trouve sur les montagnes voisines; enfin, le territoire, formé de terre labourable de bonne qualité, serait très-propre aux cultures les plus variées.

Après avoir achevé nos études sur les BAINS ROMAINS, nous ne voulûmes pas quitter ces lieux, aussi intéressants qu'extraordinaires, sans en relever une vue générale, qui reproduisit à la fois et la richesse du fond, et les détails minutieux que présente, sur plusieurs plans, la conformation toute particulière de ces cônes, qui semblent aux yeux des Arabes, d'après l'ancienne légende, autant de fantômes pétrifiés. Afin d'obtenir ce résultat d'une manière complète, nous avons cru devoir faire usage du daguerréotype, comme offrant les garanties d'une exactitude incontestable.

EXPLICATION DES PLANCHES.

CHAPITRE SIXIÈME.

MEDJEZ-AMAR.

PLANCHE PREMIÈRE.

PLAN GÉNÉRAL INDIQUANT LA POSITION RELATIVE DE MEDJEZ-AMAR, ANNOUNA
ET HAMMAM-MESKHOUTIN.

Indépendamment de ces trois localités romaines, le plan présente les endroits où des ruines anciennes moins importantes ont été découvertes, le tracé des chemins parcourus pour y arriver, celui de la route réunissant Bône à Constantine en passant par Medjez-Amar et Guelma, enfin la direction que prend le chemin de Guelma, laissant Medjez-Amar sur la droite. Les indices d'une voie romaine se remarquent sur un parcours d'environ 5oo mètres, à gauche de la route qui conduit à Constantine.

Le confluent de l'Ouad-Cherf et de l'Ouad-Zénâti, au-dessous duquel ces deux rivières reçoivent le nom de l'Ouad-Seibous, est pris comme point de départ des cotes de hauteur placées sur les principaux sommets des montagnes.

PLANCHE II.

VUE GÉNÉRALE DE MEDJEZ-AMAR.

Cette vue, prise au-dessous du confluent des deux rivières, pendant que les eaux étaient extrêmement basses, permet d'apercevoir le camp de Medjez-Amar sous l'aspect le plus pittoresque. Ce camp, construit au bord d'une berge très-élevée, est défendu de ce côté par une enceinte crénelée.

Une fontaine, dont l'eau est abondante et salubre, se trouve un peu au-dessous du camp; dans le fond, on remarque un four à chaux construit lors de la fondation de cet établissement militaire.

Une riche végétation couvre les rivages des deux rivières, que de nombreux lauriers-roses viennent encore embellir.

Les inscriptions trouvées à Medjez-Amar, et placées à la fin de la page 8, sont dessinées au dixième de l'exécution.

ANNOUNA.

PLANCHE III.

PLAN GÉNÉRAL D'ANNOUNA.

Ce plan indique la position des ruines romaines réunies sur le plateau d'Announa, les mouvements de terrain, et les fouilles exécutées.

Les lettres majuscules désignent chacune de ces ruines.

A. Porte triomphale à double ouverture.
B. Arc de triomphe.
C. Porte monumentale isolée.
D. Edifice paraissant avoir été un marché couvert.
E. Temple chrétien.
F. Fontaine romaine ayant dû recevoir les eaux amenées par l'aqueduc dont on voit les vestiges sur la colline à laquelle est adossé le temple chrétien.
G. Réservoirs construits en petits matériaux, ayant encore des enduits sur les parois intérieures.
L'un de ces réservoirs est plus élevé que l'autre, et semble avoir été construit ainsi, afin de déverser ses eaux dans le réservoir inférieur.

H. Source.
I et J. Vestiges romains auxquels des fouilles pourraient donner beaucoup d'intérêt.
K. Soubassement voûté d'un petit édifice.
L. Débris de murs de monuments détruits, sur l'emplacement probable de la citadelle.
M. Restes de murs d'enceinte.
N'. Fouille exécutée sur l'emplacement d'un temple de grande proportion.
N. Position choisie pour exécuter la vue générale.

La description des planches suivantes comporte tous les développements nécessaires à l'étude de ces antiquités.

PLANCHE IV.

VUE GÉNÉRALE D'ANNOUNA.

Cette vue, prise du point indiqué sur le plan par la lettre N, comprend tous les édifices explorés sur le plateau d'Announa.

Dans le fond, on remarque le Djebel-Mahona, montagne élevée, derrière laquelle est situé Guelma.

PLANCHE V.

PORTE TRIOMPHALE A DOUBLE OUVERTURE; VUE DE L'ÉDIFICE.

(INDIQUÉES SUR LE PLAN GÉNÉRAL PAR LA LETTRE A.)

Cette vue, rectifiée d'après une épreuve daguerrienne, représente la face du monument tournée vers le nord, dans l'état de dégradation où il est en ce moment.

PLANCHE VI.

PORTE TRIOMPHALE A DOUBLE OUVERTURE, PLAN ET ÉLÉVATION.

Etat actuel de l'édifice, côté du midi, avec restauration au trait des parties détruites, et indication des fouilles exécutées aux deux pieds-droits des extrémités.

La composition architecturale de cette PORTE TRIOMPHALE qui ne se reliait à aucune enceinte, et la manière peu habile dont les détails sont exécutés, présentent une différence notable avec la beauté, la grandeur et la noblesse des édifices triomphaux que possèdent la Grèce et l'Italie.

Cet entablement mâle et sévère, ordinairement soutenu soit par des colonnes, soit par des pilastres, est ici remplacé par de faibles moulures, couronnant d'une manière assez mesquine l'ensemble du monument, ce qui fait nécessairement supposer qu'aucun attique ne devait le surmonter. Le socle, dont il reste encore une pierre, comme témoignage de son existence, paraît avoir seul terminé l'édifice.

Les pilastres placés de manière à supporter la moulure d'imposte, enrichissant surabondamment la partie inférieure, pour laisser trop simple le reste de l'édifice, rappellent plus particulièrement une époque funeste à l'art, à laquelle on doit attribuer un grand nombre des édifices construits dans le nord de l'Afrique. La régénération d'Announa appartient certainement à cette période, tandis que ses premiers monuments remontent à une époque beaucoup plus ancienne.

Le grès calcaire employé à la construction de la porte triomphale d'Announa, par suite de la friabilité de son grain, a contribué à nuire à l'exécution du travail, en ne permettant pas d'y apporter le soin et le fini qu'on aurait pu obtenir avec une matière plus compacte.

Ce monument, malgré ses imperfections de détail, présentait un ensemble fort satisfaisant. Une inscription était sans doute gravée sur la frise du couronnement; un lambeau d'inscription a été trouvé parmi les décombres de la façade du midi. Sur la façade opposée, une fouille fit découvrir une statue de marbre blanc; la tête, les mains et les pieds ont été détachés et n'ont pu être retrouvés.

PLANCHE VII.

PORTE TRIOMPHALE A DOUBLE OUVERTURE; DÉTAILS DES MOULURES.

F. I. Réunion des différentes parties de l'édifice, formant la hauteur totale. Au dixième de l'exécution.

F. II et F. III. Moulures formant le couronnement de la porte triomphale.

F. IV. Moulure d'imposte et chapiteau du pilastre.

F. V. Base du pilastre et moulure formant retraite du monument.

F. VI. Archivolte des arcades.

F. VII. Fragment d'inscription trouvé parmi les assises renversées contre le pied-droit de gauche, façade du midi.

F. VIII. Portion de statue en marbre blanc, trouvée dans une fouille exécutée au-devant de la façade du nord.

Cette découverte semblerait indiquer qu'au milieu et de chaque côté des arcades se trouvaient des statues.

PLANCHE VIII.

ARC DE TRIOMPHE, VUE DE L'ÉDIFICE.

(INDIQUÉ SUR LE PLAN PAR LA LETTRE *B*.)

Cette vue de la façade sud de l'arc de triomphe est exécutée d'après le procédé photographique.

La déformation du cintre de l'ouverture, causée par suite de l'écartement des pieds-droits, ainsi que les dégradations et l'appareil des assises, y sont représentés avec fidélité.

On aperçoit dans le fond les deux ouvertures cintrées du monument indiqué sur le plan général par la lettre D.

PLANCHE IX.

ARC DE TRIOMPHE. PLAN, ÉLÉVATION PRINCIPALE ET ÉLÉVATION LATÉRALE.

F. I. Plan de l'arc de triomphe, avec indication des colonnes qui devaient supporter les piédestaux ; ces colonnes sont teintes en gris clair.

F. II. État actuel de l'édifice, avec restauration au trait des parties détruites et indication des fouilles pratiquées au-devant des pieds-droits.

Cet édifice, construit avec un calcaire d'un grain fin et dur, est en général conçu dans de bonnes proportions. Les profils, qui ne manquent pas de finesse et d'une certaine fermeté de forme, sont bien exécutés.

La corniche supérieure ne semble pourtant pas participer aux qualités qu'on remarque dans les autres parties de l'édifice ; elle n'a pas été trouvée en place ; plusieurs morceaux gisaient bien, il est vrai, sur le sol, mais il se pourrait que ces fragments n'appartinssent pas à l'arc de triomphe d'Announa.

Les vestiges variés dont la surface du sol est couverte n'ont pu donner matière à la restauration d'un *attique* ; l'absence de tout renseignement à cet égard ne saurait cependant faire admettre qu'il n'eût pas existé.

Les arcs triomphaux portaient toujours leur dédicace dans cette partie de l'édifice ; il y a donc tout lieu de croire que celui-ci aura été détruit. On pourrait espérer retrouver des fragments de ce couronnement, conservant quelques traces de l'inscription commémorative, en pratiquant des fouilles au-devant des deux faces du monument ; le temps et les moyens d'exécution nous ont manqué pour les entreprendre.

F. III. Élévation latérale de l'arc de triomphe, présentant la saillie formée par les piédestaux destinés à recevoir les colonnes isolées passant au-devant des pilastres.

La longueur des différents tronçons des fûts retrouvés prouve que ces colonnes étaient monolithes.

On remarque au milieu des décombres les bases et les chapiteaux de ces colonnes.

PLANCHE X.

ARC DE TRIOMPHE. DÉTAILS DE L'ORDRE ET DES AUTRES MOULURES DE L'ÉDIFICE.

F. I. Ensemble de l'ordre, présentant la hauteur totale du monument, moins l'attique, sur lequel on n'a pu trouver aucun renseignement. Ces détails sont au dixième de l'exécution.

F. II. Profil de l'entablement du monument et celui du chapiteau.

F. III. Profil de l'archivolte.

F. IV. Profil de la moulure de l'imposte.

F. V. Profil de la base du pilastre, de la colonne et du piédestal.

PLANCHE XI.

ÉDIFICE ROMAIN.

(INDIQUÉ SUR LE PLAN GÉNÉRAL PAR LA LETTRE *D*.)

F. I et F. I *bis*. Plan et élévation d'un édifice romain, qui semblerait avoir été un marché couvert. Il est représenté dans son état actuel, avec restauration au trait des parties détruites.

F. II. Coupe sur le mur de face, à l'endroit où se trouve la colonne engagée.

F. III. Coupe sur le même mur au milieu d'une des arcades, présentant les entailles destinées à recevoir les pièces de bois du plancher.

F. IV. Détail du profil du bandeau extérieur passant au-dessus des arcades, avec les entailles faites sur la face opposée.

F. V. Détail du profil de la moulure d'imposte.

F. VI. Base de la colonne engagée.

PLANCHE XII.

PORTE MONUMENTALE ISOLÉE. VUE DE L'ÉDIFICE.

(INDIQUÉE SUR LE PLAN GÉNÉRAL PAR LA LETTRE *C.*)

Cette vue présente à la fois l'état de dégradation dans lequel se trouve l'édifice, l'endroit où des fouilles ont été pratiquées avec succès; il est désigné au plan général par la lettre N, et un arbre placé derrière le monument le fait encore mieux remarquer; enfin, la façade du temple chrétien adossé à la montagne, sur laquelle on remarque les vestiges d'un aqueduc qui amenait des eaux dans la ville antique.

PLANCHE XIII.

PORTE MONUMENTALE ISOLÉE; PLAN ET ÉLÉVATION.

État actuel d'une porte romaine, côté du levant, avec restauration au trait des parties détruites, et indication des fouilles pratiquées au-devant des deux pieds-droits.

La fouille a mis à découvert des renseignements de nature à laisser supposer que cette porte était complétement isolée. Comme à la porte triomphale à double ouverture, déjà représentée pl. V, VI et VII, la moulure d'imposte est supportée par des pilastres, avec cette différence pourtant, qu'ils n'occupent pas ici les encoignures des pieds-droits de l'arcade, et qu'en cela ils sont moins bien ajustés. Les profils sont en général assez lourds, surtout celui de la corniche supérieure, et ils sont en outre fort négligés sous le rapport de l'exécution. Il est juste de faire remarquer que la matière employée, qui est un grès calcaire plus tendre encore que celui mis en œuvre à la porte double, ne pouvait se prêter à recevoir une taille à la fois vive et bien faite.

PLANCHE XIV.

PORTE MONUMENTALE ISOLÉE; DÉTAILS DES PROFILS.

F. I. Réunion des différentes parties de l'édifice, formant la hauteur générale, dessinée au dixième de l'exécution.

F. II. Détails des moulures de l'entablement.

F. III. Détail du profil de l'archivolte.

F. IV. Profil de l'imposte, celui de la moulure de retraite, et le détail du pilastre placé entre ces deux membres de moulures.

PLANCHE XV.

TEMPLE CHRÉTIEN. PLAN, ÉLÉVATIONS, INSCRIPTIONS ET DÉTAILS.

(INDIQUÉ SUR LE PLAN GÉNÉRAL PAR LA LETTRE *E.*)

F. I. Plan de l'édifice. Les parties teintées en noir représentent les murs s'élevant au-dessus du sol, et les parties teintées en gris, celles qui sont détruites ou cachées au-dessous.

L'église d'Announa ne paraît pas avoir eu plus d'étendue que celle tracée sur le plan. L'hémicycle du fond en détermine la profondeur; la largeur ne saurait être plus grande que celle indiquée par les retours des murs latéraux formant angle droit avec le mur de face.

Une nef et des bas-côtés constituaient la disposition intérieure; les pilastres attenant au mur de face déterminent la largeur de chacune de ces divisions. Les colonnes étaient reliées entre elles par des arcades; la retombée qui existe encore au-dessus de l'un des chapiteaux de pilastre en est une preuve incontestable.

Ce temple, adossé à une colline, avait par ce motif le sol intérieur assez élevé. La disposition des marches, tracée sur le plan, semble satisfaire à la nécessité de monter à la fois à l'ouverture principale et aux ouvertures latérales. Cette disposition est d'ailleurs en partie indiquée par des restes de constructions anciennes, qui apparaissent encore à fleur de terre.

F. II. Élévation principale de l'édifice. Les matériaux employés à cette construction proviennent de démolitions de monuments antérieurs. Il serait même très-probable, comme les assises inférieures paraissent en plusieurs endroits n'avoir jamais été déplacées, que l'église chrétienne aura été élevée, ainsi que cela s'est pratiqué souvent, sur l'emplacement de quelque temple païen, ou de tout autre édifice ancien.

La clef du cintre placé au-dessus de la porte du milieu est décorée d'une croix romaine gravée dans la pierre, sous les branches de laquelle sont incrustés de la même manière, à droite un *alpha* majuscule, et à gauche un *oméga* minuscule.

Cette particularité, indépendamment du caractère distinctif du plan, détermine d'une manière certaine la destination qu'avait l'édifice.

F. III. Face intérieure du mur formant l'élévation principale, présentant en coupe les deux ouvertures latérales.

On y distingue les deux pilastres engagés, au-devant desquels étaient les colonnes formant les bas-côtés. Ces pilastres sont couronnés de chapiteaux corinthiens; celui de gauche supporte encore deux claveaux des arcades qui reliaient entre elles les colonnes, dont on aperçoit encore plusieurs fûts brisés.

F. IV. Chapiteau composé dans le style ionique, avec un cœur sculpté sur les quatre faces. Le diamètre est semblable à celui des pilastres et des différents fragments des fûts de colonnes renversées au milieu des ruines. Bien que trouvé dans l'intérieur de l'église, ce chapiteau ne paraît pas au premier abord avoir servi de couronnement aux colonnes, attendu que les pilastres devant lesquels elles étaient placées sont encore surmontés de chapiteaux corinthiens. Mais lorsqu'on se reporte à l'époque où ces édifices furent élevés, à l'espèce de licence et au défaut de toutes règles apportés dans leur construction, on peut facilement admettre que ce chapiteau, dont la composition semble être toute spéciale, ait été mis en regard d'un couronnement de colonne d'une forme différente.

F. V et F. VI. Face et profil d'une colonne en marbre trouvée au nombre des assises composant la partie circulaire du fond du monument.

F. VII et F. VIII. Inscriptions tumulaires trouvées dans les décombres, autour de l'abside de l'église.

PLANCHE XVI.

FONTAINE ROMAINE. PLAN, ÉLÉVATIONS, COUPE ET DÉTAILS.

(INDIQUÉE SUR LE PLAN GÉNÉRAL PAR LA LETTRE F.)

La disposition du plan, offrant sur le devant un bassin demi-circulaire; les murs, dont l'épaisseur peut d'abord paraître disproportionnée en raison de la petite dimension de l'édifice, mais dont on reconnaît bientôt l'utilité, lorsqu'on remarque la pesante surélévation qu'ils devaient supporter; la proximité de cette ruine avec les réservoirs désignés sur le plan par la lettre G : toutes ces particularités dénotent l'usage de l'édifice ruiné, qui était une fontaine publique.

D'autre part, cette solidité des murs et des arcs-doubleaux rapprochés les uns des autres, dans un si petit espace, tendrait à prouver que le réservoir occupait le dessus de la fontaine. Il n'a pourtant été retrouvé aucun fragment significatif de cette partie supérieure de l'édifice.

F. I. Plan du monument.

F. II. Élévation du monument, donnant en coupe le bassin, dont il ne reste que l'assise inférieure. La seconde assise, ornée d'un bourrelet et d'un filet, n'est plus en place; deux morceaux ont été trouvés parmi les décombres, et placés dans la coupe comme moyen de restauration. La construction qui existe au-dessus de cette assise appartient à une époque bien postérieure à l'édification du monument.

F. III. Élévation postérieure de la fontaine, présentant l'appareil de la porte, la position qu'elle occupait, ainsi que la corniche qui subsiste encore à l'encoignure de l'édifice.

F. IV. Coupe suivant la ligne *a — b* tracée sur le plan. Le renfoncement qu'on remarque au-dessus de la corniche de la base du mur de face, et que la figure II indique également, mais en coupe, semble avoir contenu une dalle, sur laquelle pouvait être gravée une inscription.

F. V. Détail du profil supérieur.

F. VI. Détail du profil inférieur.

Ces différentes figures, qui présentent l'état actuel du monument, et des fouilles qu'il a fallu pratiquer pour mieux l'explorer, sont complétées au moyen d'un trait indiquant les parties détruites (1).

F. VII. Inscription tumulaire trouvée dans le voisinage de la fontaine romaine.

PLANCHE XVII.

TEMPLE ROMAIN.

(INDIQUE SUR LE PLAN GÉNÉRAL PAR LA LETTRE *N*.)

Ce monument, remarquable sous le rapport des fortes proportions de détail, et de la supériorité d'exécution, a été découvert dans la fouille représentée sur le plan ci-annexé. Dans cette fouille on distingue les encoignures d'une plate-forme construite avec de fortes assises, plusieurs bases et plusieurs chapiteaux de colonnes, ainsi que leurs fûts, qui ont dû être monolithes, en raison de la longueur des fragments.

F. I. Moitié du plan de la base, ensemble de la base, fût et chapiteau de la colonne.

Le chapiteau étant dans un état tout à fait fruste, la moitié en a été restaurée.

F. II. Détail du profil de la base et du listel inférieur du fût de la colonne.

F. III. Détail du listel et de l'astragale du fût de la colonne.

HAMMAM-MESKHOUT'IN.

PLANCHE XVIII.

VUE GÉNÉRALE DE HAMMAM-MESKHOUTIN.

Cette vue, prise du point (L) indiqué sur le plan, permet d'apercevoir à la fois les cônes les plus importants de la localité, ainsi que des restes de constructions romaines dont la majeure partie est engloutie sous les dépôts calcaires produits par les eaux thermales qui surgissent de tous côtés.

L'aspect extraordinaire que présentent ces masses isolées de carbonate de chaux, que les Arabes regardent comme autant de pétrifications humaines, la végétation puissante et variée dont le paysage se trouve enrichi depuis le premier plan jusqu'à l'horizon du tableau ; tout cet heureux et bizarre assemblage concourt merveilleusement à rendre ce site des plus curieux à visiter.

PLANCHE XIX.

BAINS ROMAINS.

Cette planche présente à la fois le plan de la topographie des lieux, la position des restes de constructions romaines, celle des principaux groupes de cônes produits par les dépôts calcaires des eaux jaillissantes, et enfin la direction que prend la petite rivière de *Hammam*, qui enveloppe le terrain à l'ouest et au nord, pour aller se jeter, à peu de distance, dans l'Ouad-Zénâti.

(1) M. le commandant de la Mare, ayant visité une seconde fois Announa, après le séjour que nous y fîmes ensemble, exécuta des fouilles sur l'emplacement de la ruine qui fait le sujet de notre description. Nous dûmes à l'obligeance de notre collègue les renseignements qu'il recueillit en cette circonstance.

Les vestiges romains teintés en noir, et désignés par les lettres A, B, C, semblent appartenir à un même édifice, qui, sans être absolument conforme à celui qui est tracé sur le plan et teinté en gris, devait avoir une disposition analogue.

Des eaux thermales jaillissent à l'endroit même où des piscines ont été placées; des exèdres, des promenoirs et des cabinets multipliés ont été motivés, les uns par les vestiges de forme circulaire des constructions antiques et les autres comme complément indispensable des bassins placés à leur centre. Quant aux salles annexées à celles dont l'indication ne saurait être douteuse, par suite des éléments retrouvés sur le terrain, et désignés au plan par la lettre A, elles donnent à l'établissement thermal l'espace jugé nécessaire, et le marquent du caractère de grandeur que les Romains ont toujours su imprimer à leurs édifices publics. A cet égard, on ne pouvait mieux s'inspirer que des bains et des palais thermaux construits sous les empereurs, et plus particulièrement encore, sous les *Antonins*, auxquels sont dus la majeure partie des édifices d'Afrique.

L'essai de restauration proposé pour l'établissement principal de Hammam-Meskhout'in nous a conduit à interpréter de la même manière les restes de bassins circulaires portant les lettres D, E, et à les considérer comme quelqu'une de ces fondations philanthropiques que les Romains de distinction payaient de leurs propres deniers, lorsqu'ils étaient appelés à remplir de hautes fonctions publiques.

La lettre F désigne un corps de bâtiment construit, au moyen de fortes assises, sur un emplacement rocheux et élevé, dont on a suivi la forme oblongue; ce qui laisserait supposer, surtout en raison de la proximité de ce bâtiment avec l'établissement thermal, et la rivière qui baigne ses escarpements inférieurs, qu'il pouvait avoir été destiné à contenir des eaux froides, afin de modifier la température des eaux minérales, qui n'est pas moins de 95 degrés. Ces eaux pouvaient d'ailleurs arriver facilement à ce point élevé, au moyen de quelque moteur hydraulique alors en usage, et dont les traces ont dû nécessairement disparaître.

H, G, I, sont des restes de constructions antiques composées de chaines de pierre et de maçonnerie de petits matériaux, dans laquelle le mortier a été employé en abondance.

J. Cours d'eau thermal formé par les trois sources qui coulent encore sur l'emplacement où les piscines ont été disposées.

K. Position des cônes formés par le carbonate de chaux contenu dans les eaux minérales de cette contrée.

L. Endroit choisi pour exécuter la vue générale de Hammam-Meskhout'in. Vers la gauche, commencent les monticules composés de matière blanchâtre, d'où s'échappent et descendent, en forme de cascade, pour aller se jeter dans la rivière, les eaux les plus abondantes que renferment les canaux souterrains de cette riche localité.

PLANCHE XX.

BAINS ROMAINS.

F. I. Coupe passant sur l'axe des arcades désignées sur le plan par la lettre B.

On distingue sur cette coupe les éléments d'une salle avec retombées de voûte et différentes arêtes formant pénétration. Derrière les restes de cette salle et parallèlement à elle, se trouvent les murs d'un bâtiment qui semble avoir servi de réservoir aux bains romains.

Vestiges anciens portant sur le plan les lettres A et F.

F. II. Coupe parallèle aux arcades B, et perpendiculaire à la salle A et au bâtiment F.

Indépendamment de la désignation de la nature des matériaux employés dans ces constructions, qui sont la pierre de taille et le moellon hourdé d'un mortier devenu très-dur, cette coupe indique encore la configuration du terrain et l'emplacement des sources d'eau minérale.

On remarque dans le bâtiment construit sur le rocher une petite citerne en contre-bas du sol intérieur. Cette citerne ne parait pas remonter à l'origine de la construction des murs en pierre; elle semble plutôt avoir été disposée à une époque postérieure, alors que les thermes n'existaient sans doute plus, et que le bâtiment qui la contenait avait pu par conséquent subir un changement de destination. Ce bâtiment, occupant le point culminant de la position, a sans doute servi de poste militaire, à l'époque désastreuse où les Romains eurent à se retrancher et à se défendre contre les ennemis multipliés devant lesquels il fallut enfin succomber.

PLANCHE XXI.

BAINS ROMAINS.

Vue des vestiges romains appartenant à l'établissement thermal de Hammam-Meskhout'in.

Les arcades désignées sur le plan d'ensemble par la lettre B forment l'encadrement de cette vue, qui représente à la fois les vestiges de la salle déjà désignée par la lettre A, le bâtiment marqué F sur le plan, le fragment de mur H, et enfin, au centre et sur le côté, les sources d'eau minérale, les joncs, les lauriers-roses et les palmiers nains, qui forment un contraste frappant avec l'espèce d'aridité de ce sol, continuellement desséché par la température élevée des eaux qu'il renferme.

Les petites entailles que l'on remarque sur la plupart des claveaux des deux grands cintres ont été faites pour servir à placer l'instrument à l'aide duquel les Romains enlevaient les blocs de pierre qui entraient dans la composition de leurs édifices. Cet instrument différait sans doute fort peu de celui que l'on nomme *louve*, outil de fer attaché à un câble, et qui sert, par l'action de la grue, à enlever les pierres.

Vitruve, du reste, semble avoir décrit un instrument semblable, qu'il appelle *forfex*, tenaille. Voir liv. X, chap. II.

Suivent les planches 1re, 2e, et suivantes, jusques et y compris la 21e.

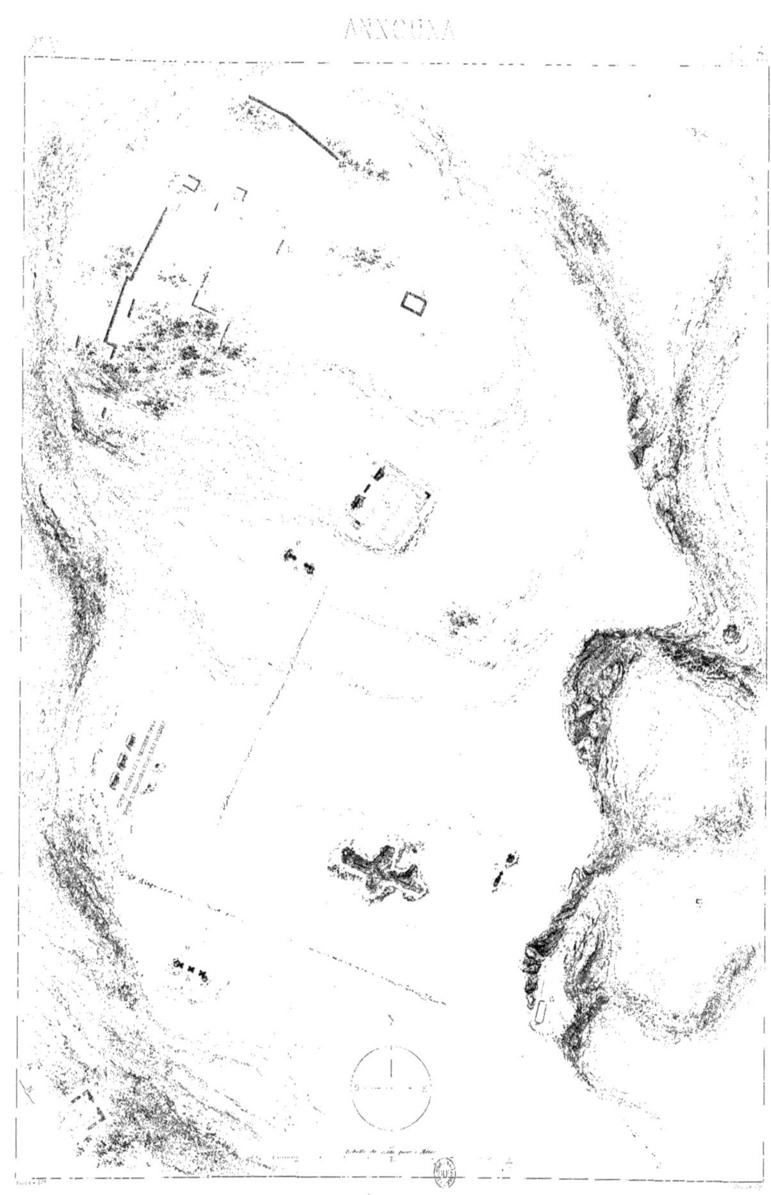
ANCONA
PLAN GÉNÉRAL

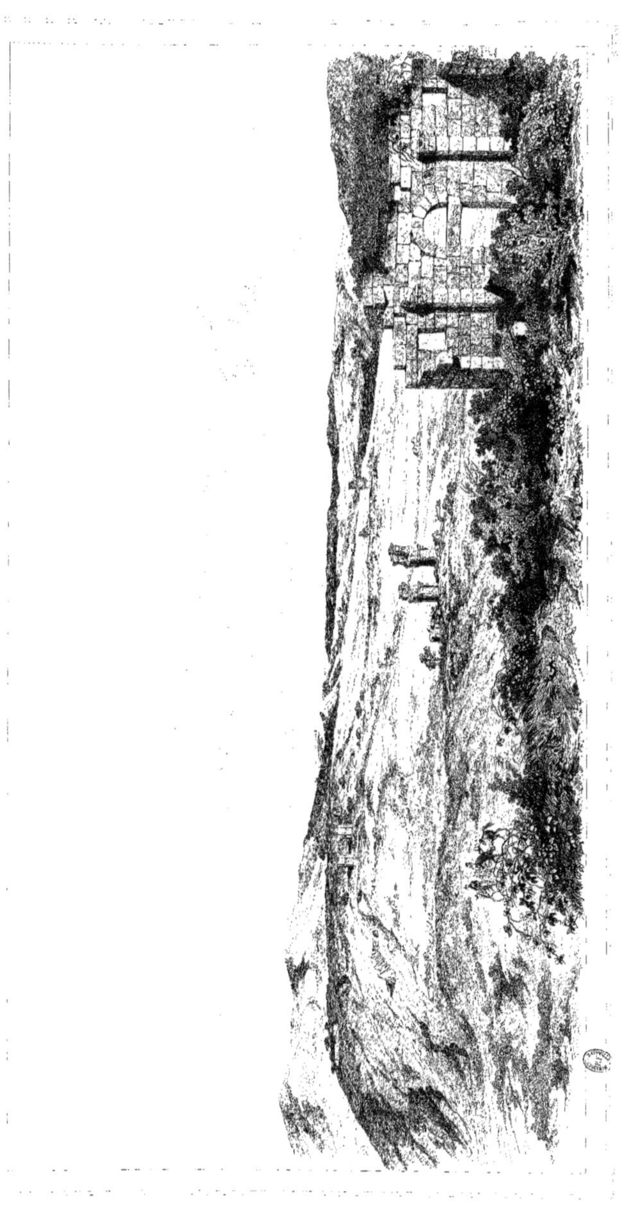

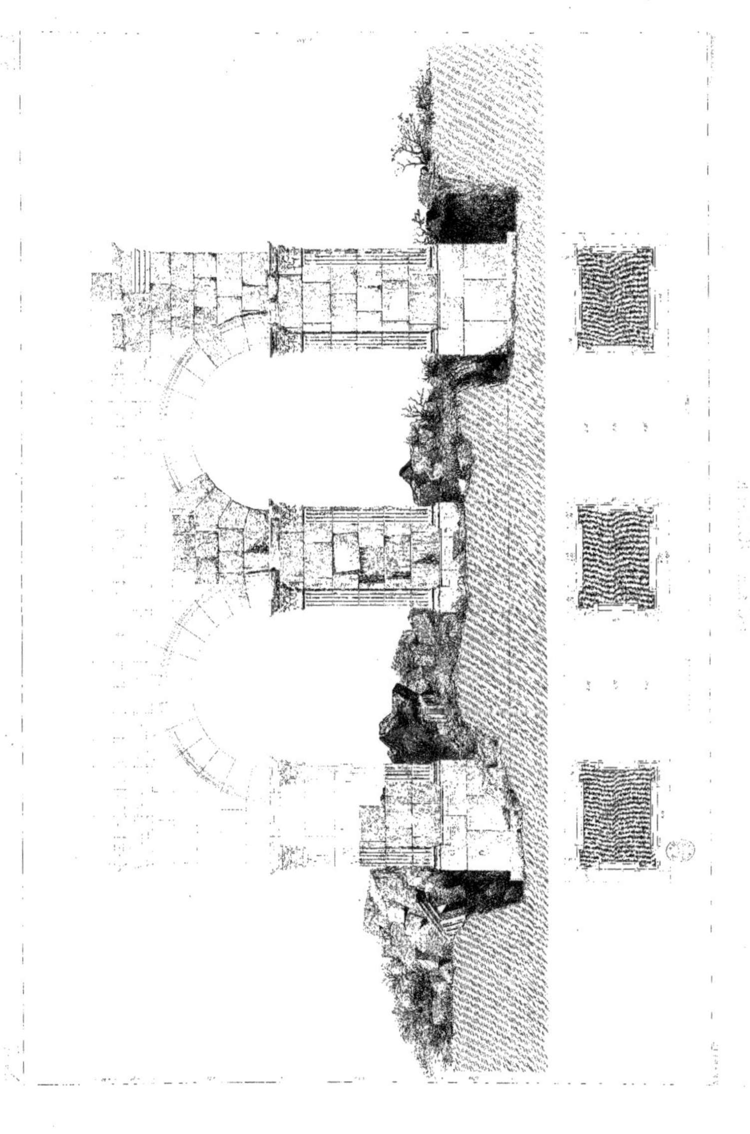

ANCONA
PONT DOUBLE
NOSTRI
AVST

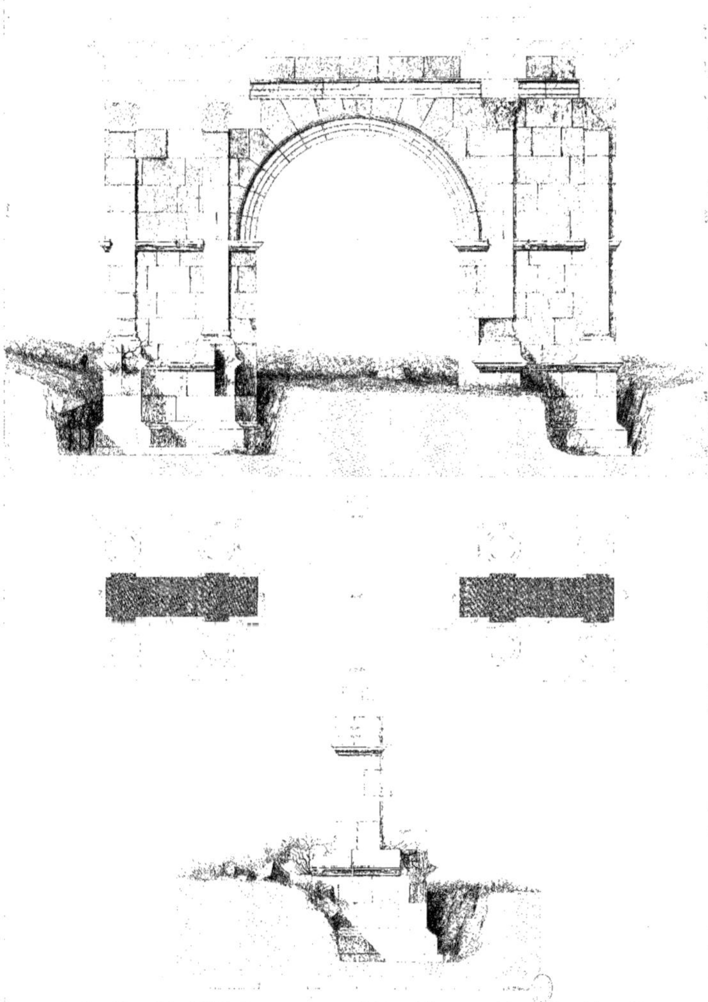

ANGOULÊME.
DÉTAILS DE L'ORDRE
ARC DE TRIOMPHE

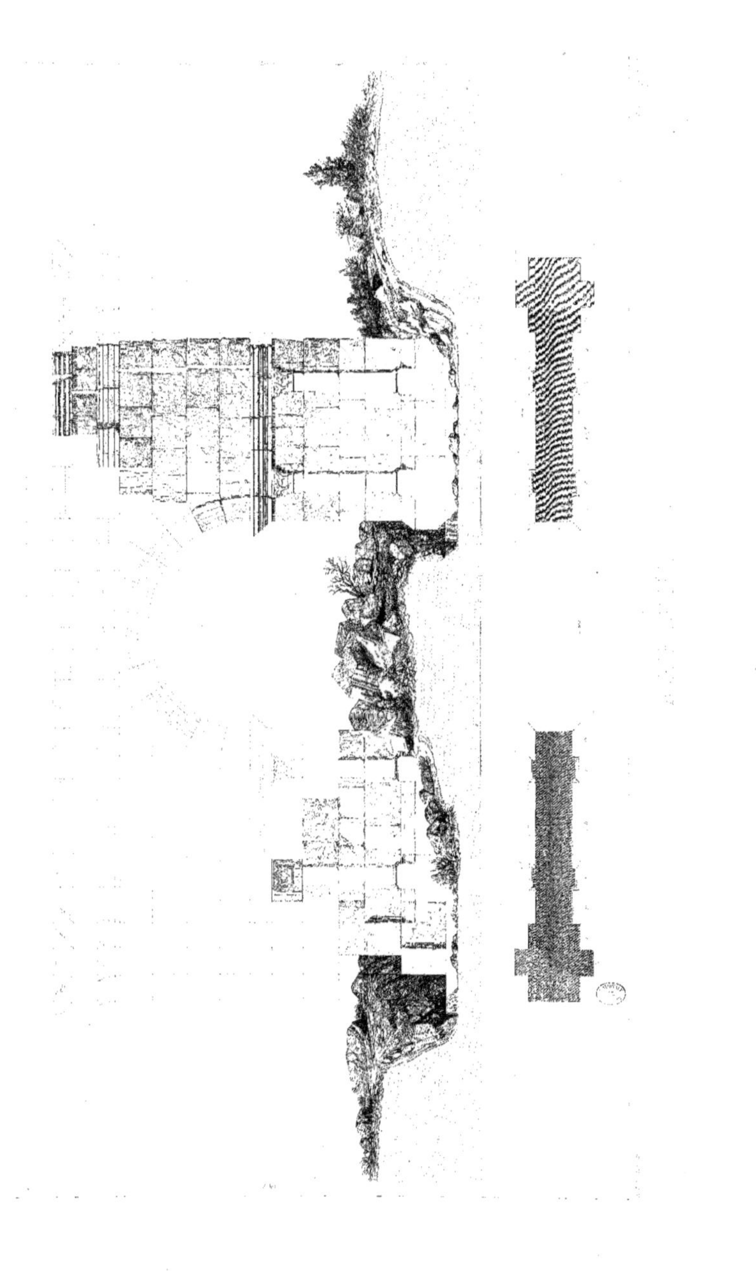

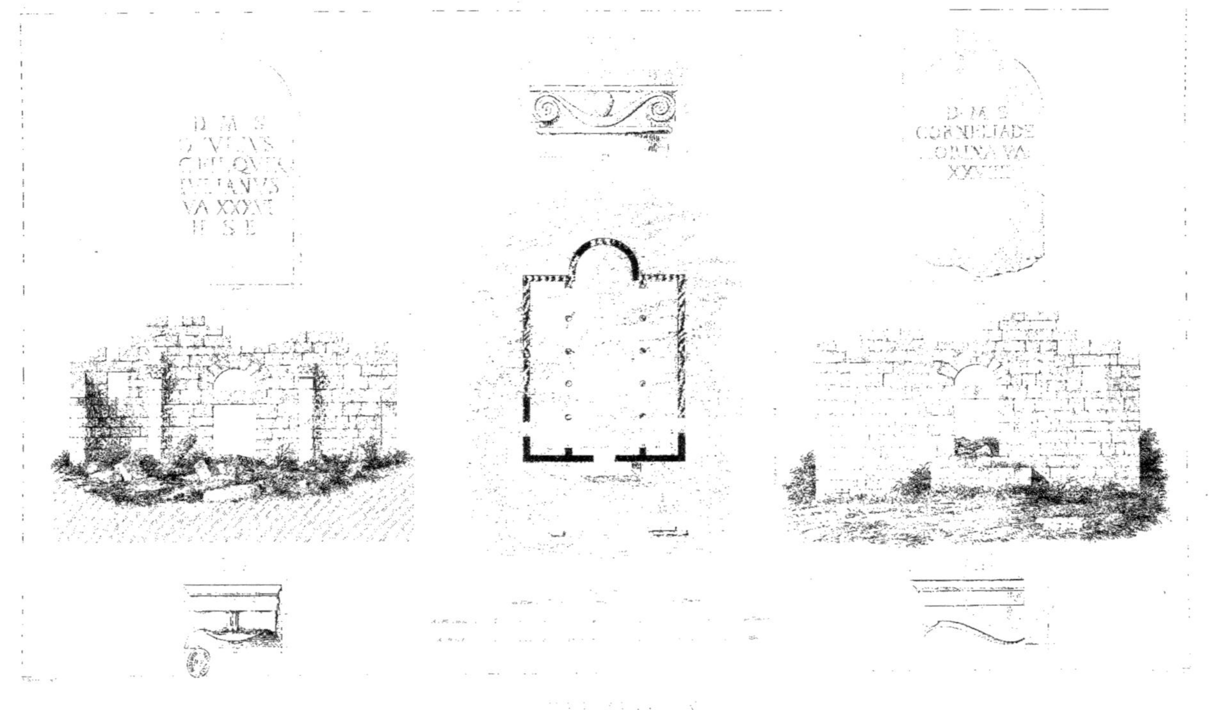

D M S
CORNELIADE
ORINA VA
XXVIII

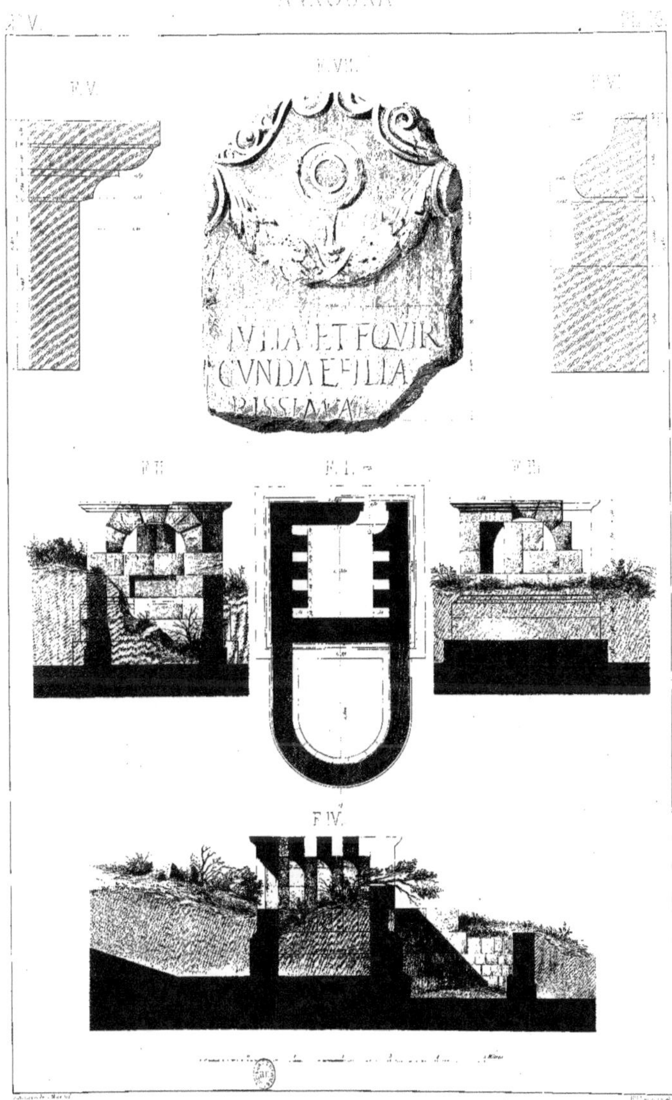

FONTAINE ROMAINE

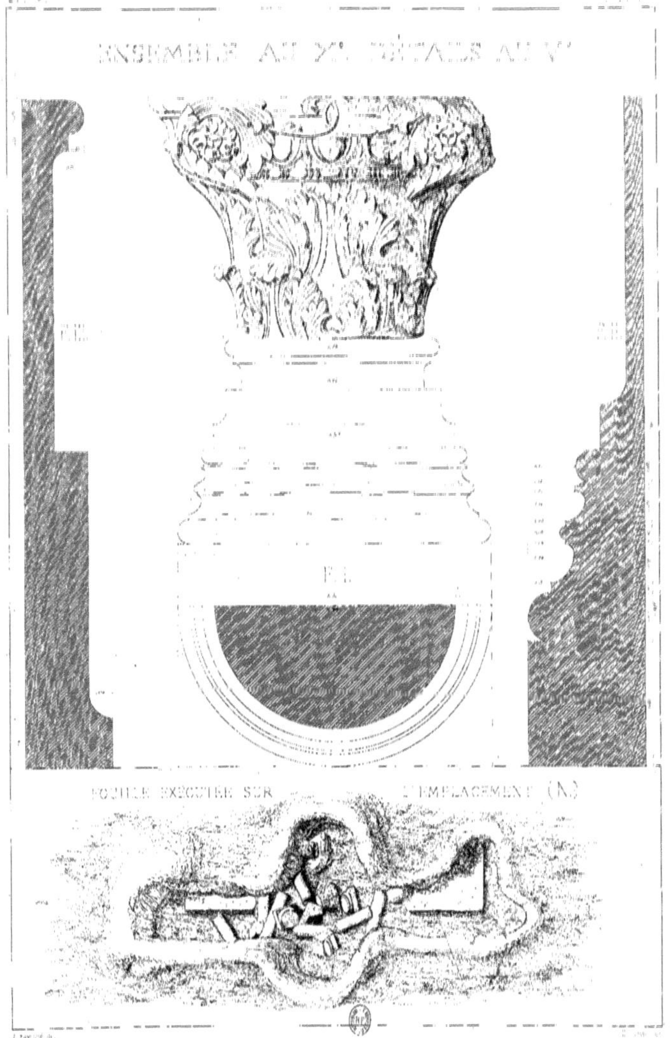

TEMPLE ROMAIN

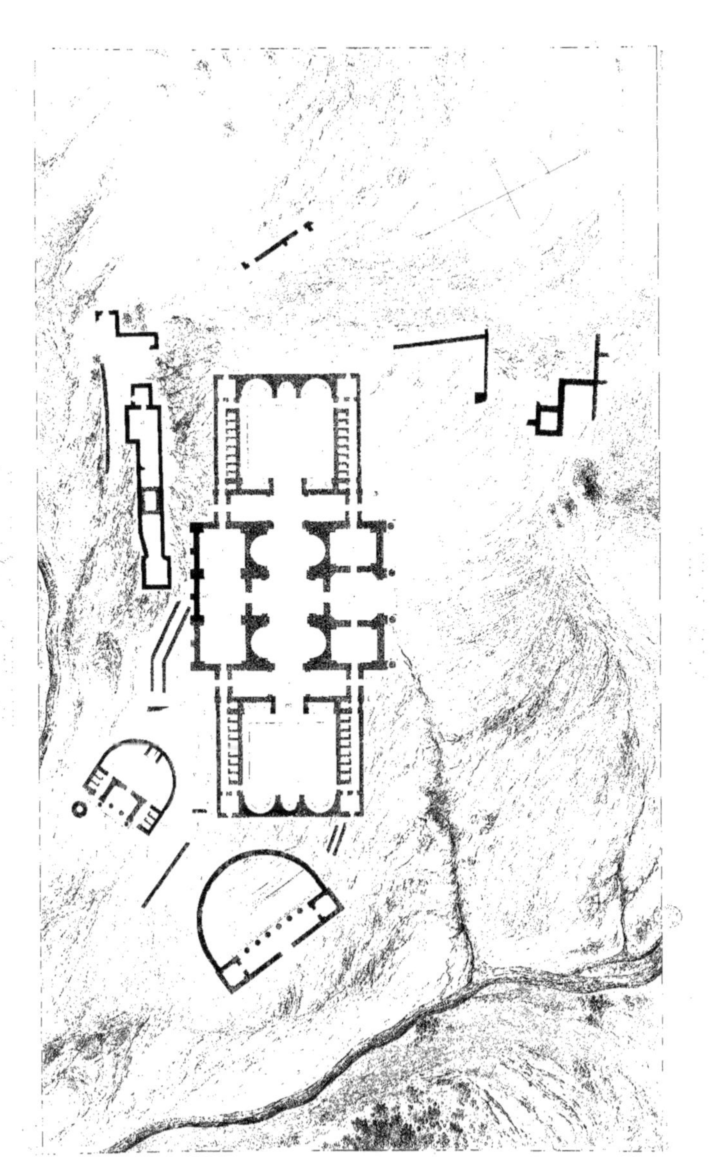

EXPLICATION DES PLANCHES.

CHAPITRE SEPTIÈME.

PLANCHE XXII.

VUE GÉNÉRALE DE GUELMA.

Cette vue est prise à cent vingt mètres environ du front est des remparts, près la ruine romaine indiquée sur le plan général par la lettre D.

Dans le fond, on aperçoit le *Djebel-Mahouna*, dont le sommet ne présente pas de ce côté la particularité qu'on y remarque sur la face opposée. Cette particularité consiste, comme nous l'avons déjà dit, à donner à ce sommet l'apparence d'une selle; aussi les Arabes le désignent-ils sous le nom de *Serdj-Aouda*, selle de jument.

Les murailles romaines qui occupent dans cette vue un grand développement sont exposées à l'est. Elles ont été construites avec précipitation; au nombre des matériaux qui entrent dans leur construction, on trouve des corniches, des frises ornées d'inscriptions, des fûts de colonne, des piédestaux, des sarcophages, des inscriptions isolées et autres débris provenant des monuments détruits à la hâte, pour former des remparts capables de résister aux flots toujours croissants de l'invasion vandale.

Derrière ces murailles, on distingue les constructions entreprises par l'arme du génie, et notamment deux casernes d'infanterie, à l'une desquelles on surélevait, alors, un second étage. On remarque sur la droite un hôpital fort bien disposé.

PLANCHE XXIII.

PLAN GÉNÉRAL DE GUELMA.

Ce plan indique la topographie des lieux, l'importance de la citadelle romaine, la position des édifices anciens déblayés en partie des alluvions qui les recouvraient.

Des lettres majuscules désignent ces ruines :

A. Citadelle romaine.

Les remparts de la partie supérieure de la citadelle situés à l'ouest, du côté où les eaux arrivent à la fontaine; ceux situés au nord, depuis la tour d'angle jusqu'à l'angle rentrant, et au sud, depuis l'autre tour d'angle jusques et y compris la première tour, appartiennent à la période la plus ancienne de la ville de Calama.

Un appareil régulier, des pierres de grande dimension, des moulures ornant la base des tours, sont autant de preuves du talent et du bon goût que les Romains savaient apporter à tout ce qu'ils construisaient.

La forme et l'étendue de ces remparts ont été modifiées et considérablement agrandies dans le but évident de faciliter les moyens de défense de la contrée.

B. Monument romain de grande dimension ayant tout le caractère d'un édifice thermal.

Cette vaste ruine a été comprise dans les agrandissements faits à la citadelle, lesquels semblent ne pouvoir être attribués qu'à Solomon, général romain, dont le nom est indiqué sur une inscription placée, sans doute par son ordre, au-dessus d'une poterne percée au sud-est de ces remparts.

Du moment que cet édifice fut enclavé dans la citadelle, il dut recevoir une destination bien différente de celle qui lui était propre ; aussi fut-il soumis à de nombreuses mutilations qui n'ont cessé de s'augmenter par suite des désastres du temps et de ceux de la main des hommes. (Voir les détails et plan de l'édifice, planches 24, 25 et 26.)

C. Voûtes romaines sans caractère propre. Elles sont utilisées par des Arabes qui en ont fait leur demeure habituelle.

D. Ruines romaines présentant, par la disposition des murs, un bain construit par quelque riche particulier.

E. Restes d'un monument romain, dont deux arceaux plein cintre sont encore debout. (Voir le détail, planche 31.)

F. Vestiges romains, consistant en plusieurs murs placés parallèlement et sur deux sens.

G. Vestige d'un édifice romain, consistant en fragments de colonne, de corniche, de frise et d'architraves, taillés dans la même assise.

Des inscriptions sont gravées sur les frises et semblent former un sens continu, sans pour cela occuper le même plan. (Voir le détail, planche 33.)

H. Petite basilique entièrement découverte par nous. (Voir les détails, planche 32.)

I. Temple chrétien fouillé par nous ; cet édifice n'occupe pas sur notre plan la place où il a été tracé. Il se trouve beaucoup trop éloigné de la citadelle et tout à fait en dehors de notre cadre.

Pour bien comprendre la véritable position, nous avons cru devoir tracer sur le terrain le triangle dont on voit la base toucher les angles saillants des tours nord et nord-est, et dont le sommet atteint l'encoignure du temple.

La hauteur de ce sommet est de 1,050 mètres. (Voir les détails, planche 32.)

J. Théâtre romain.

Les fouilles importantes que nous avons fait pratiquer à cet édifice nous ont permis d'en faire une étude complète. (Voir les détails, planches 27, 28, 29 et 30.)

K. Vestiges de l'ancienne enceinte de Calama.

L. Mosaïque, dont on doit la découverte aux fouilles que nous avons fait exécuter. (Voir les détails, planche 34.)

Des essais malheureux de colonisation avaient été tentés avant notre séjour à Guelma, et les maisons à peine achevées des colons, que nous avons tracées sur le plan général, n'étaient déjà plus que des ruines.

Une direction plus sérieuse était alors sur le point d'être donnée à la colonisation algérienne, et cette fois les cabaretiers et les cantiniers qui occupaient la tête des premiers colons allaient être exclus et heureusement remplacés par de sérieux cultivateurs qui devaient enfin faire apprécier toute la fécondité du sol africain.

Un arrêté ministériel du 10 août 1856 venait d'adopter un tracé de la ville projetée. Nous avons indiqué sur le plan général les contours de la nouvelle enceinte.

Cette enceinte suit dans plusieurs endroits la direction de l'enceinte romaine ; elle assure par son développement une superficie importante à la Guelma moderne.

PLANCHE XXIV.

F. I. Vue du grand édifice indiqué par la lettre B, sur le plan général.

Cette vue est prise à l'extrémité de la caserne à laquelle on surélevait un étage; la lettre E, gravée sur le plan particulier de la ruine, en détermine plus précisément la place.

On remarque dans cette vue la grande salle, dont les arcs doubleaux, complétés par la pensée, indiquent suffisamment la hauteur présumée de cette salle, qui ne serait pas de moins de $5^m,30$.

Cette vue a été gravée d'après un daguerréotype, ce qui explique l'exactitude scrupuleuse avec laquelle ont été représentés les minutieux détails des matériaux employés à la construction des murs.

F. II, III et IV. Fragments d'archivoltes, de soffites, de chapiteaux et de pilastres trouvés dans les décombres de la grande ruine B.

Nous n'avons dessiné que ceux de ces fragments qui nous ont paru les mieux conservés. — Le fragment d'archivolte ayant dans la cimaise une suite de dauphins et de tridents entrelacés a été trouvé par nous dans l'une des fouilles que nous avons fait descendre jusqu'au sol primitif de la salle principale.

Ces emblèmes sculptés sur les archivoltes ont dans la décoration romaine une signification positive, et l'on peut avec une certaine confiance supposer que l'édifice qui recevait cette décoration était un monument où l'usage de l'eau avait de l'importance. Ces décorations sculptées sur du marbre rosé formaient revêtement aux murs construits au moyen de chaînes de pierre et de moellons de petite dimension.

PLANCHE XXV.

État actuel du plan du monument indiqué par la lettre B sur le plan général.

Nous ferons remarquer, ainsi que nous avons eu l'occasion de le faire déjà, que ce monument, sans doute pour l'approprier à de nouveaux usages, a été annexé à la citadelle lorsque le Patrice Solomon en fit augmenter les remparts. En effet, ces remparts, en suivant la direction de l'ouest à l'est et du nord-ouest au sud-ouest, forment l'angle rentrant B et l'angle saillant A; puis ils reprennent la direction de l'ouest à l'est en laissant une portion de l'édifice en dehors de la citadelle, ainsi que nous nous en sommes assuré par la fouille C, qui a donné la certitude qu'en cet endroit une saillie formant *dosseret* se trouvait en dehors du mur d'enceinte; mais de l'angle saillant C à l'angle rentrant D les remparts continuent d'envelopper le monument du côté de l'est.

L'usage auquel avait pu servir cet édifice avant qu'il fût adjoint à la citadelle laissait bien quelques doutes dans notre esprit, mais ils cessèrent peu à peu à mesure que nous fîmes exécuter les fouilles désignées sur le plan par les caractères alphabétiques *a b c d e f g h i j k*.

En effet, ces fouilles, exécutées sur onze endroits successifs, ont déterminé à l'édifice d'abord son caractère distinctif, puis des formes qui sont propres aux monuments thermaux. Dès lors nous avons cru pouvoir augmenter l'étendue des murs de l'édifice par suite des indications fournies, savoir : du côté du *nord-ouest* par les fouilles désignées par les lettres *g* et *h*; puis du côté du sud par les renseignements trouvés à la suite de la fouille *c*.

Les autres fouilles nous ont aidé à compléter des formes jusqu'alors incertaines.

Le plan que nous présentons indique, par les parties grises foncées, l'état actuel de la ruine; et par les tons gris clair, un essai de restauration de l'édifice que nous considérerons désormais comme ayant été un monument thermal.

Les thermes renfermaient de vastes salles qui avaient chacune leur destination et leur nom particulier en raison de leur emploi. Les lettres majuscules placées sur le plan restauré désignent le nom et l'usage des salles qui y sont indiquées.

A serait la salle appelée par les Romains APODYTERIUM; elle servait à déposer les vêtements entre les mains d'esclaves nommés *capsarii*.

B, le vestibule du FRIGIDARIUM.

Les deux salles sans désignation sur le plan, placées de chaque côté de la pièce de passage située sur le grand axe de l'édifice étaient l'ELÆOTESIUM, salle servant, à l'arrivée et à la sortie du bain, à se couvrir le corps d'huile parfumée.

C, C, FRIGIDARIUM, bain froid; ces salles n'étaient pas couvertes, les Romains les nommaient encore BAPTISTERIUM et PISCINA.

D, CELLA TEPIDARIA, salle tiède qui n'était chauffée que par les rayons du soleil (Lucien, Vitruve).

E, E, TEPIDARIUM, bain tiède.

H, SUDATORIUM, salle destinée à exciter la transpiration.

F, EXÈDRE, salle où s'assemblaient les philosophes, les rhéteurs et autres savants (Vitruve).

PLANCHE XXVI.

F. I. Coupe sur la portion de la ruine présentant le plus de développement en hauteur et en longueur. Ce pan de mur appartient à l'un des côtés de la salle principale, d'après la direction *a — b* indiquée sur le plan. La nature et la forme de l'appareil y sont scrupuleusement observées.

On remarque la naissance de quatre arcs doubleaux formant saillie et supportés à leur naissance par de fortes consoles en pierre de taille. Auprès de ce mur nous avons fait exécuter deux fouilles indiquées sur le plan de l'état actuel par les lettres *a* et *b*; dans la fouille *b* nous avons trouvé une saillie de pilastre ou un dosseret dont la saillie a 0^m,75 et sur la largeur 1^m,16; il se compose encore de sept assises avec les angles et les arêtes parfaitement conservés. Ces fouilles nous ont également donné le sol primitif, mais toutefois le pavage en mosaïque en aura été retiré, attendu qu'on n'y retrouve qu'une espèce d'enduit en mortier fin.

On aperçoit aussi de l'autre côté du rempart vu en coupe, une autre fouille désignée par la lettre *c* et qui indique que l'édifice allait au delà du rempart.

F. II. Coupe représentant la portion de ruine ayant une grande élévation au-dessus du sol et se trouvant, d'après les lettres *c — d* du plan, placée parallèlement au grand pan de mur qu'on aperçoit dans le fond et qui est mieux représenté figure I.

F. III et F..IV. Ces figures indiquent la coupe des deux murs ci-dessus décrits, lesquels forment les deux côtés parallèles de la salle principale. Les deux arcades sont en coupe aussi bien que la naissance des arcs doubleaux. Nous avons tracé sur ces deux profils qui, réunis ensemble, formeraient la coupe de la salle principale, des arcs de cercle concentriques à ceux formés par la naissance des arcs doubleaux, ce qui nous a donné, au moyen de la fouille A, la hauteur approximative de cette salle qui n'aurait pas moins de 15^m,30 du sol à la *douelle* des arcs doubleaux.

F. V. Détail des consoles supportant les arcs doubleaux de la salle principale.

F. VI. Cimaise de plus petite dimension que celle indiquée ci-dessus, trouvée dans la fouille *d*; elle doit appartenir à cette partie de l'édifice *a*.

F. VII et F. VIII. Fragments de fûts de colonne de différent diamètre. Ces fûts sont de ce calcaire rosé susceptible de prendre le poli. On trouve ce calcaire dans les carrières situées sur les pentes du *Djebel-Mahouna*. Ces fragments ont été trouvés à la suite des fouilles exécutées dans l'édifice.

F. IX. Tuyau de plomb retrouvé dans les fouilles.

Un autre détail d'entablement de petite dimension, et ayant double parement, a été trouvé dans les fouilles de l'édifice; c'est à tort qu'il a été représenté pl. XXXI, fig. VI et VII.

PLANCHE XXVII.

Vue des ruines d'un théâtre romain indiqué sur le plan général par la lettre *j*.
Cette vue a été faite avant qu'aucune fouille n'ait été pratiquée.

PLANCHE XXVIII.

État actuel du plan du théâtre romain, avec l'indication des fouilles que nous avons fait exécuter.

Ces fouilles ont mis en évidence, à 0^m,30 au-dessous du sol de la partie supérieure du monument et dans l'axe perpendiculaire au *Proscenium*, une sorte de loge ayant le fond terminé en forme de niche et le dallage fait en fort beau marbre de Sicile; ce lieu, en évidence et cependant éloigné des siéges honorifiques qui occupaient toujours le pourtour de l'*orchestre*, était sans doute consacré à recevoir la statue du fondateur de l'édifice.

En suivant la direction de l'axe que nous venons d'indiquer, une fouille très-importante mit à découvert : 1° le *Præcinctium*, que nous fouillâmes sur une circonférence de plus de 35 mètres; 2° des marches taillées d'une manière exceptionnelle dans la hauteur du *Præcinctium*; 3° des escaliers placés entre des échifres, en forme de crémaillère, servaient à monter de l'orchestre au *Præcinctium*; 4° l'aire de l'*orchestre* encore enrichie d'un beau pavage de marbre; 5° le *Proscenium*, construit en maçonnerie, ce qui était devenu une circonstance exceptionnelle à l'époque où fut érigé ce théâtre.

Des niches alternativement circulaires et carrées ornaient cette partie de l'édifice; une moulure formant socle, taillée dans le marbre blanc, se trouvait encore en place, protégée par une épaisseur de terre de 1^m,75.

En poursuivant cette fouille dans la même direction nous découvrîmes trois gradins de hauteur et de largeur différentes, qui nous ont paru être le fait d'une exploitation de matériaux propres à bâtir; mais en additionnant chaque largeur de ces gradins, nous avons reconnu que la profondeur primitive du *Proscenium* était de 7^m,15.

La fouille transversale ou parallèle au *Proscenium* présente des découvertes intéressantes. Outre le dallage en marbre retrouvé dans cette fouille, nous avons pu déterminer l'étendue de l'orchestre en retrouvant en place et en parfait état de conservation le pourtour de cet orchestre avec les dernières rangées de gradins. On remarque sur le dernier gradin ayant $1^m.20$ de largeur une assise dans laquelle on a refouillé deux marches; c'est ce qui reste d'un petit escalier qui devait monter au *Præcinctium*. L'entaille qui se voit près de l'angle du premier gradin indiquerait qu'une barrière séparait cet emplacement réservé aux personnes de distinction avec l'orchestre, sur l'emplacement duquel des danses et des chœurs étaient exécutés. (Voir pour ce detail. Pl. 30, F. IV.)

Deux pièces importantes communiquant avec le *Proscenium* et décorées chacune d'une niche construite dans le mur adossé au théâtre, ainsi qu'on le remarque sur la vue de la ruine et sur le plan du monument, ont été déblayées ainsi que d'autres parties de l'édifice, que des fouilles dirigées avec soin nous ont permis d'étudier sérieusement dans toutes les parties qui le composent.

Nous dirons en peu de mots le mode de construction employé dans cet édifice.

Le mur circulaire extérieur est construit au moyen de chaînes de pierre de taille indiquées par un ton plus foncé, et les intervalles sont remplis par une maçonnerie composée de petits moellons hourdés en mortier de chaux et sable. Partout où il se trouve des angles saillants et rentrants, l'emploi de la pierre de taille est complet.

Un calcaire d'un grain fin était employé pour tous les gradins, escaliers, dallages et mur du *Præcinctium*. Ceux appartenant à la précinction supérieure auront sans doute été détruits pour servir à grandir les remparts de la citadelle au moment de l'invasion des Vandales ou de celle des Maures indigènes.

Dans la vue et les coupes de l'édifice il est facile de remarquer la nature et le mode de matériaux employés.

PLANCHE XXIX.

F. I. Coupe suivant l'axe perpendiculaire au *Proscenium*; on y remarque la fouille faite à la loge supérieure, celle du *Præcinctium*; et enfin le déblayement du sol de l'orchestre et des gradins inférieurs, ainsi que les déblais qui ont mis à découvert le *Postscenium*.

F. II. Coupe transversale ou parallèle au *Proscenium*; elle complète avec la coupe indiquée F. I, l'état actuel du monument et aide encore à en faire comprendre toutes les parties et toute l'étendue.

PLANCHE XXX.

Le théâtre de Guelma dont nous essayons de donner une restauration a été construit et orienté d'après la tradition grecque.

Sa construction en forme demi-circulaire occupe le flanc d'une colline, et ses gradins sont tournés vers le Nord, afin que les spectateurs qui s'y trouvaient assis n'aient pas été incommodés par les rayons du soleil lorsqu'ils dirigeaient leurs regards du côté de la scène.

F. I. Plan restauré du théâtre.

En examinant avec attention le plan en son état actuel (Pl. XXVIII), on remarque comme tenant au mur demi-circulaire supérieur enveloppant l'édifice, d'abord, une loge située sur l'axe perpendiculaire au *Proscenium*, puis des murs plus bas que le sol, mais ayant une saillie semblable à celle formée par les murs de la loge indiquée plus haut; enfin, à partir de l'assise demi-circulaire placée au devant de ces murs qui se dirigent tous vers le point de centre du cercle, on remarque que le sol prend tout à coup l'inclinaison que devait occuper les gradins.

Cette disposition particulière à l'édifice, la présence sur place de plusieurs fûts de colonne et de leurs bases en calcaire rosé, ne nous laissent plus aucun doute sur l'existence d'un portique, à la partie supérieure de l'édifice.

Quant aux autres parties du monument que nous avons restauré, les vestiges encore en place indiqués tous sur le plan de l'état actuel (Pl. XXVIII), sont autant de preuves à l'appui des substitutions que nous avons cru devoir faire aux parties détruites.

Le soubassement du *Pulpitum* était décoré de niches demi-circulaires et carrrées, placées alternativement. Le même genre de décoration ornait le mur du fond du *Proscenium*, à l'exception que ces renfoncements de même forme étaient moins nombreux et de plus grande proportion; on n'en comptait que trois, un de forme carrée et deux de forme demi-circulaire.

Cette partie de l'édifice présente la particularité suivante avec les autres théâtres antiques: c'est l'absence des trois ouvertures traditionnelles au fond de la scène.

Ces murs du *Proscenium*, chez les anciens, étaient richement décorés; ils étaient, en outre, percés de trois et quelquefois même de cinq ouvertures, qui étaient pratiquées pour servir à l'entrée et à la sortie des acteurs et pour mettre ainsi en communication le *Proscenium* avec le *Postcenium*; ce dernier occupait une position parallèle au premier. L'ouverture du milieu se nommait porte Royale; les deux autres, portes des Étrangers. Les théâtres construits dans l'Afrique romaine n'étaient pas tous exempts de cette règle, comme l'était celui de Calama; nous pouvons citer le théâtre de Djemila comme offrant l'exemple le plus complet de cette disposition dans les théâtres romains (1).

F. II. Coupe transversale prise parallèlement au *Proscenium*; elle présente les différentes précinctions ou étages de gradins, avec la position des escaliers nécessaires pour y parvenir; on y remarque aussi le bon effet que produit la galerie supérieure, ayant au centre la loge et la statue du fondateur du théâtre.

Sous la République romaine, toutes les places dans le théâtre étaient accessibles aux différentes classes de citoyens; il n'en fut pas de même à l'époque impériale. La première précinction, enveloppant l'aire de l'orchestre, était réservée aux sénateurs; sur les premières rangées de gradins étaient les chevaliers, et derrière eux on réservait des places à des jeunes gens appartenant à des familles illustres.

Au-dessus de l'orchestre était placé le plébéien, et plus haut, la précinction supérieure était abandonnée à la populace. Sous le Bas-Empire, des gradins particuliers recevaient les soldats.

F. III. Détail des escaliers placés entre la première et la deuxième précinction.

F. IV. Détail des premiers gradins de l'orchestre, donnant les deux premières marches de l'escalier situé près la rampe de l'orchestre. On remarque sur le premier gradin une entaille destinée sans doute à recevoir la barrière qui séparait ce gradin de l'aire de l'orchestre.

F. V. Base et fût des colonnes de la galerie supérieure; elles sont en ce calcaire rosé susceptible de recevoir le poli, et dont les carrières ont été retrouvées sur les pentes *est* du Djebel-Mahouna par notre collègue, M. Renou, le géologue.

F. VI. Détail de la moulure de la base et des deux assises du piédestal des deux hémicycles, formant renfoncement dans le mur du fond du *Proscenium*.

F. VII. Moulure taillée dans le marbre blanc appartenant aux revêtements du soubassement du *Pulpitum*.

F. VIII. Moulure retrouvée dans les décombres, sans destination précise.

F. IX. Fragment de tuyau de plomb retrouvé dans une fouille exécutée dans le couloir de droite, près l'une des grandes salles en communication avec le *Proscenium*.

PLANCHE XXXI.

F. I. Aspect pittoresque d'un édifice romain présentant encore debout deux arcades parfaitement appareillées. Ces ruines occupent la place indiquée sur le plan général par la lettre E. Dans le fragment de paysage que l'on aperçoit, on remarque les quelques maisonnettes construites par les premiers colons de Guelma; la dernière maison placée sur la déclivité du terrain est un corps de garde adossé au mur circulaire du théâtre antique; il fut construit avec les matériaux de l'ancienne ruine.

F. II. Plan des pieds-droits des deux arcades; il est teinté en gris foncé; les parties teintées en gris clair ont été retrouvées au moyen de fouilles que nous avons fait exécuter.

F. III. Elévation géométrale des arcades ci-dessus décrites avec claveaux; l'irrégularité des claveaux, du côté où ils ont été représentés, nous a fait supposer qu'ils devaient se relier avec des voûtes de même forme que les arceaux, et le sommier qu'on aperçoit aux pieds-droits laisse comprendre que ces

(1) Voir le premier volume de notre exploration. Théâtre de Djemila. Pl. XXXVII.

voûtes cylindriques communiquaient entre elles au moyen d'une ouverture dont nous avons trouvé la largeur au moyen de la fouille pratiquée à un pied-droit d'angle; le parement uni des arceaux sur l'autre face indique une autre disposition comme espace et comme hauteur.

F. IV. Coupe sur le travers des arceaux, avec indication du pied-droit d'angle retrouvé dans une fouille; ce qui a déterminé la largeur de la travée.

Le parement opposé, où se trouve une assise en saillie taillée en forme de console, semble indiquer que de ce côté la salle devait être plus grande et plus haute, et que la travée dont nous venons de parler servait en quelque sorte de *culée* à la salle principale. Ces consoles, placées à chaque pied-droit, devaient servir à supporter un système de cintre en charpente destiné à couvrir la partie importante de l'édifice.

F. V. Détail de la console de pierre; elle forme toute l'épaisseur du mur et a la hauteur de l'une des assises.

F. VI et VII. Plan et coupe d'un petit entablement d'intérieur d'édifice; il a été avec erreur représenté sur cette planche; il appartient à la ruine B du plan général, et a été retrouvé dans les fouilles faites à cet effet.

PLANCHE XXXII.

L'édifice que nous décrivons est indiqué sur le plan général par la lettre I, et occupe le sommet d'un triangle dont la base touche aux arêtes des deux tours situées au nord-est de la citadelle romaine, et à 1o5o^m,oo de là. Cette ruine n'avait aucune forme déterminée par le plan au moment où nous l'examinâmes pour la première fois; quelques parties de murs sortaient de o^m,2o à o^m,4o au-dessus du sol; mais il y avait tant d'interruption dans ces indices, que ce n'est qu'après avoir exécuté les premières fouilles que nous vîmes qu'il ne fallait pas perdre courage, en effet, nous finîmes par pouvoir indiquer les parties manquantes en usant de cette symétrie, propre aux anciens édifices, et en nous aidant des renseignements que nous avons retrouvés.

Ce plan a le caractère bien déterminé d'une basilique chrétienne des premiers temps de l'Église.

Le sanctuaire a été complétement déblayé, et bien que nous ayons trouvé en place deux bases des colonnes qui décoraient cette partie de l'édifice, nous avons reconnu que tout le dallage ou les mosaïques décorant l'aire du monument avaient été entièrement détruits. Deux rangées de colonne, ainsi que la base attique retrouvée à sa place, déterminaient l'emplacement réservé à la nef et aux bas-côtés.

Un porche fermé servait de vestibule à l'édifice.

F. II. Coupe transversale indiquant les parties fouillées et les deux bases encore en place dans la partie circulaire affectée au sanctuaire.

F. III. Coupe longitudinale présentant les parties déblayées et l'ancien état des choses avant les fouilles.

Indépendamment des bases de colonne retrouvées à leur place primitive, on remarque dans le peu qui reste de cette construction une certaine habileté dans l'emploi des matériaux, ce qui n'est cependant pas le fait des édifices construits par les premiers chrétiens d'Afrique.

Les murs sont divisés par un nombre de chaînes de pierre de taille presque égal à celui des colonnes de l'intérieur; ce même emploi de force est adopté pour toutes les encoignures aux angles rentrants, et pour tous les dosserets d'ouverture de baie de porte. L'intervalle compris entre ces chaînes est rempli par une petite maçonnerie hourdée de mortier de chaux et sable.

F. IV. Base, assez singulière de forme, supportant les colonnes qui devaient décorer toute la partie circulaire; elles sont taillées dans un calcaire poreux et tendre.

F. V. Base attique de belle proportion, taillée dans un calcaire dur et d'un grain très-fin. Nous n'avons pas cherché à découvrir un plus grand nombre de ces bases en déblayant l'intérieur de l'édifice, le temps nous manquait.

F. VI et VII. Chapiteau, vu sur deux faces, présentant, par le symbole qui le décore, un caractère de chrétienté incontestable. Ce chapiteau, trouvé dans le voisinage de la ruine que nous venons de décrire, rapproché par nous sans succès de la base retrouvée dans le sanctuaire du monument que nous croyons être chrétien, présente encore cette particularité, c'est qu'il est taillé dans un calcaire semblable à celui dont furent faites les bases déjà citées, et dont le diamètre supérieur est moindre que celui du chapiteau décoré d'une croix à branches égales.

De fervents observateurs pourraient peut-être reconnaître dans le travail exécuté pour mieux faire ressortir le symbole de la Rédemption, la lettre C, comme indiquant encore l'anagramme du mot Christ. Le travail du chapiteau est d'une exécution grossière.

F. VIII. Plan d'un petit temple chrétien entièrement découvert par suite des fouilles que nous fîmes exécuter. Il occupe sur le plan général la place indiquée par la lettre H. Ce petit édifice avait été détruit depuis longtemps : aussi les basses constructions de cette ruine furent-elles trouvées à 1 mètre au-dessous du sol.

On remarque sur l'aire de la partie formant pourtour, des restes de mosaïques en mauvais état, dont les dessins sont noirs et blancs.

F. IX. Coupe transversale indiquant la hauteur des murs et la profondeur de la fouille.

F. X. Détail de la mosaïque du petit temple chrétien.

PLANCHE XXXIII.

Fragments d'architecture romaine en pierre de taille, occupant l'emplacement d'un édifice détruit.

Cet emplacement est indiqué sur le plan général par la lettre G. L'édifice auquel appartenaient ces débris a été malheureusement détruit par la garnison de Guelma, pour satisfaire, sans aucun doute, aux besoins toujours pressants, mais regrettables d'une installation nouvelle.

Aucun plan ne semble avoir été levé de ce petit monument avant sa destruction. Il nous a paru, d'après le peu d'étendue de son emplacement, n'avoir pas eu plus de 8 à 9 mètres de côté.

Les six fragments de corniche et les huit morceaux de frise architravée furent les seuls vestiges que nous trouvâmes sur le tuf à vif, où naguère encore étaient debout les murs de cet édifice remarquable dont l'existence ne nous aurait pas été révélée, si ces derniers débris n'eussent été regardés par ceux qui les employaient à de nouveaux usages, comme devant être mis au rebut, en raison de l'*aiguité* de la forme des uns et des évidements nombreux des autres, ce qui les rendait moins propres à être employés que les assises courantes à angle droit.

Par suite de nos questions réitérées à différents militaires qui avaient vu ces vestiges avant leur destruction, il nous fut répondu, avec cette simplicité de langage toute naturelle en semblable matière, que *la ruine était creuse en rond sur le devant et avait un grand vide sur la face opposée.* C'était tout ce que nous savions sur un passé que nous n'avions pu observer nous-même; aussi, nous aidant des fragments qui étaient à notre disposition, nous essayâmes de rétablir la forme primitive du petit édifice, qui nous a paru avoir été une fontaine publique.

Une citerne romaine, située à 600 mètres ouest de ces débris, occupe un niveau supérieur de 15 à 20 mètres au-dessus d'eux.

F. I. Essai de restauration du plan de la fontaine publique. La moitié du plan est prise à un mètre du sol ; l'autre moitié représente le dessous des corniches, afin de mieux représenter et de mieux remettre à leur place supposée les fragments retrouvés.

F. II. Fragment de corniche formant l'encoignure de la partie circulaire.

F. III et IV. Ces deux fragments de corniche, s'ajustant très-bien ensemble par suite de leurs entailles (voir le plan aux lettres B et C), forment encoignure à angle droit; ils indiquent deux avant-corps, sous lesquels devaient se trouver des colonnes destinées à orner l'angle de la façade principale et celui de la façade en retour.

F. V. Autre fragment de la même corniche présentant un autre avant-corps semblable aux précédents.

F. VI. Plan et perspective d'une corniche avec laquelle nous avons formé un avant-corps sur la face postérieure.

F. VII. Plan d'une corniche formant un angle obtus rentrant. Le profil de cette corniche est semblable à celui du fragment ci-dessus. Ce débris nous a servi à déterminer un des angles de la cour intérieure.

F. VIII. Plan et élévation de l'architrave et de la frise décorés d'une inscription. Ce fragment devait être placé au-dessous de la corniche de même forme figurée F. II.

F. IX. Plan et élévation de l'architrave et de la frise décorées d'une partie de l'inscription continue qui semblait régner autour de l'édifice.

F. X. Frise avec inscription, appartenant à la partie circulaire.

F. XI et XII. Entablement complet de l'édifice. On remarque que la corniche est taillée dans une assise, et que la frise et l'architrave sont refouillées dans une autre assise plus élevée.

F. XIII. Base de l'une des colonnes de l'édifice. Cette base, ainsi que deux autres, étaient déjà en partie détruites par le marteau et non par le temps.

F. XIV. Piédestal trouvé parmi les éclats de pierre.

F. XV. Détail du profil des moulures d'un encadrement du piédestal.

PLANCHE XXXIV.

F. 1. Ensemble au vingtième de l'exécution d'une mosaïque romaine trouvée sur l'emplacement désigné par la lettre L sur le plan général.

F. II. Détail au dixième de la même mosaïque romaine.

Le sol sous lequel nous avons trouvé cette mosaïque nous avait paru déjà avoir été remué lorsque nous le fouillâmes de nouveau. Aucun mur de l'édifice n'était plus en place, et c'est en les détruisant que nous avons gravement endommagé cette mosaïque; il est très-probable qu'elle appartenait à une salle n'ayant pas moins de 8 à 9 mètres de longueur sur au moins 6 mètres de largeur.

PLANCHE XXXV.

F. 1. Vue perspective de la tour d'angle sud-est de la citadelle romaine.

Entre cette tour et l'angle rentrant du rempart, on aperçoit une ouverture, au-dessus de laquelle est placée une inscription commémorative qui semble devoir indiquer l'origine de ces remparts.

F. II. Face intérieure du rempart indiquant le sol ancien et le sol actuel.

F. III. Coupe à travers le rempart et passant sur l'axe de la poterne. On remarque dans cette figure et la précédente la coupe et l'appareil cintré de l'ouverture pratiquée sous la banquette du rempart.

F. IV. Face extérieure de la poterne, avec indication de la fouille que nous avons fait pratiquer. Cette poterne a 1^m,60 d'ouverture sur 2^m,50 de hauteur; le linteau qui recouvre cette poterne n'a pas moins de 3^m,25; il commence à fléchir sous le poids des assises supérieures. L'inscription se trouve placée au-dessus de cette assise formant linteau.

F. V. Détail de l'inscription ci-dessus indiquée, au cinquième de l'exécution.

La pierre sur laquelle cette inscription est gravée se décompose dans plusieurs endroits : aussi, bon nombre de lettres sont-elles endommagées et d'autres entièrement effacées. — Les caractères composant cette inscription sont d'une mauvaise forme, et la gravure en est défectueuse; il s'ensuit que ce monument épigraphique offre de sérieuses difficultés à être déchiffré. Nous ne doutons cependant pas que nos habiles archéologues sauront parfaitement réussir à dévoiler ce précieux document historique, dans lequel figure le nom et la dignité d'un général romain (Solomon, patrice) (1), qui remplaça Bélisaire dans son commandement de l'armée d'Afrique, après que celui-ci en eut chassé les Vandales, l'an 534 de notre ère (2).

PLANCHE XXXVI.

F. I et II. Sarcophages taillés dans un calcaire de grain très-fin. Des inscriptions romaines sont gravées sur l'une des faces, au milieu d'encadrements formés de moulures.

---

(1) Patrice, Patricius, dignité des derniers temps de l'empire romain, qui fut créée par Constantin.

(2) Procope. — Bell. Vandal., I, II, p. 359, Bonn.

La gravure et la forme des caractères de cette inscription tumulaire sont d'une époque antérieure à celle où fut gravée l'inscription commémorative placée au-dessus de la poterne indiquée Pl. XXXV.

Ces beaux débris font partie des murs situés à l'est de la citadelle romaine ; c'est surtout sur cette face et celle exposée au nord qu'il se trouve une grande quantité de fragments d'édifices détruits mis en œuvre à la hâte pour former les remparts de cette partie de la citadelle.

F. III. Pierre tumulaire, avec inscription appartenant à l'époque romaine ; elle est divisée en deux compartiments au moyen de trois pilastres cannelés surmontés de deux portions de cercle.

F. IV. Piédestal, avec une belle inscription honorifique appartenant à l'époque la plus florissante de Calama.

PLANCHE XXXVII.

Fragments de marbres antiques recueillis par les soins du général Herbillon, alors colonel et commandant supérieur du cercle de Guelma. Ces restes de sculpture, quoique bien mutilés, servent à prouver que la ville de Calama a eu son époque florissante, puisque, indépendamment des beaux édifices qu'elle renfermait, elle avait encore su se procurer ; si toutefois elle ne les avait pas formés elle-même, des artistes capables d'exécuter de semblables ouvrages de sculpture.

F. I. Torse d'une figure d'homme, en marbre blanc.

F. II et III. Tête, de face et de profil, coiffée d'un diadème, également en marbre blanc. Elle provenait sans doute d'une figure représentant une impératrice.

F. IV. Ces fragments de sculpture posent sur une architrave ornée sur toutes les faces de moulures sculptées La face du dessous formant soffite est également couvert d'ornements.

Cette architrave est taillée dans ce calcaire rosé appartenant à la localité.

PLANCHE XXXVIII.

Ces sculptures étaient jointes à celles rassemblées par les soins du commandant supérieur du cercle de Guelma, qui, chaque fois qu'il apprenait qu'un débris de sculpture romaine était découvert par la garnison, le faisait réunir à la petite collection qu'il tenait à la disposition du gouvernement.

F. I. Torse d'un Faune, en marbre blanc.

F. I[bis]. Torse du même Faune, retourné ; on y remarque le signe caractéristique de ce jeune dieu des jardins.

Cette sculpture appartient à la même époque que celle figurée sur la planche précédente ; mais elle lui serait plutôt inférieure sous le rapport d'une moins bonne exécution dans le travail.

F. II, III et IV. Fragments de sculpture appartenant à la dernière période de l'occupation romaine en Afrique.

Cette sculpture caractérise parfaitement la décadence de l'art et démontre par son observation, mieux que ne le feraient de longs discours, tout ce que les artistes romains de cette mauvaise époque avaient perdu, tant sous le rapport de la haute conception des idées que sous celui de leurs brillants procédés d'exécution, qui leur donnait le pouvoir de transformer la matière en de véritables chefs-d'œuvre.

Viennent les planches XXIIe et suivantes jusqu'à la XXXVIIIe.

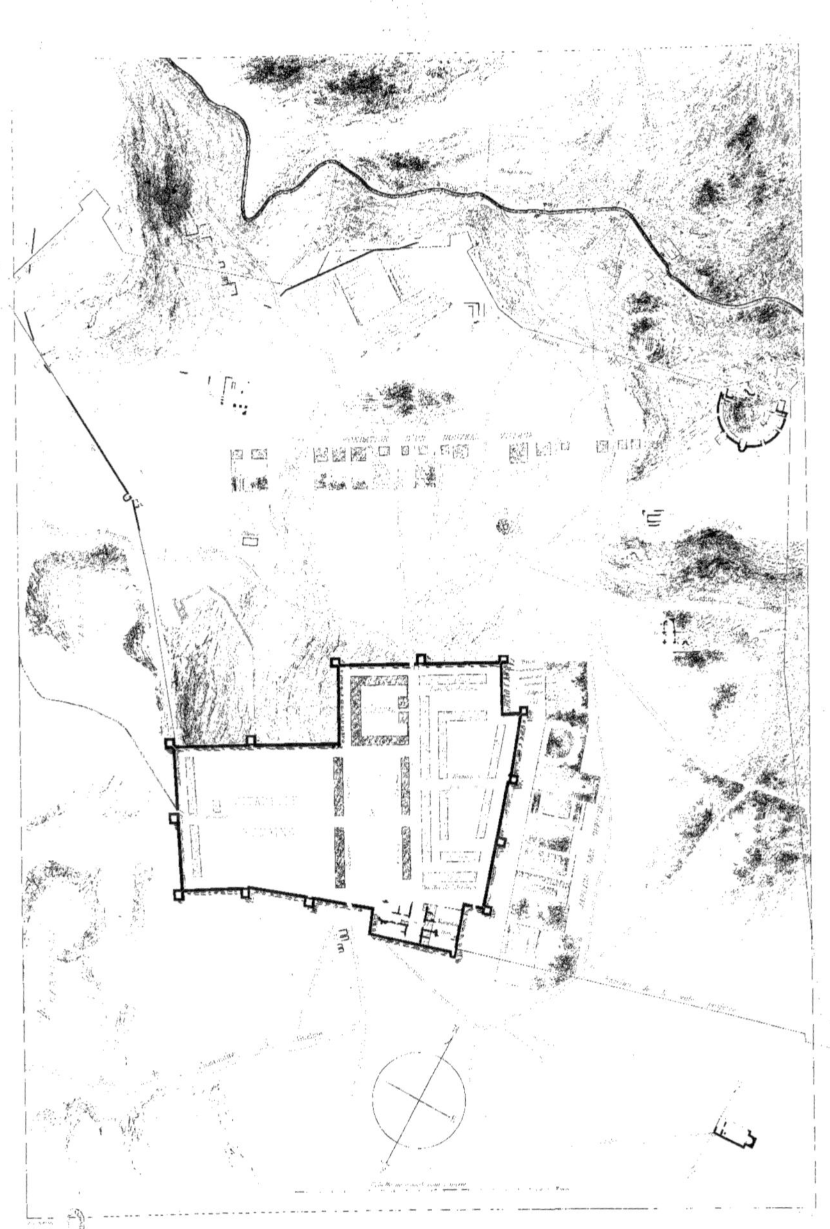

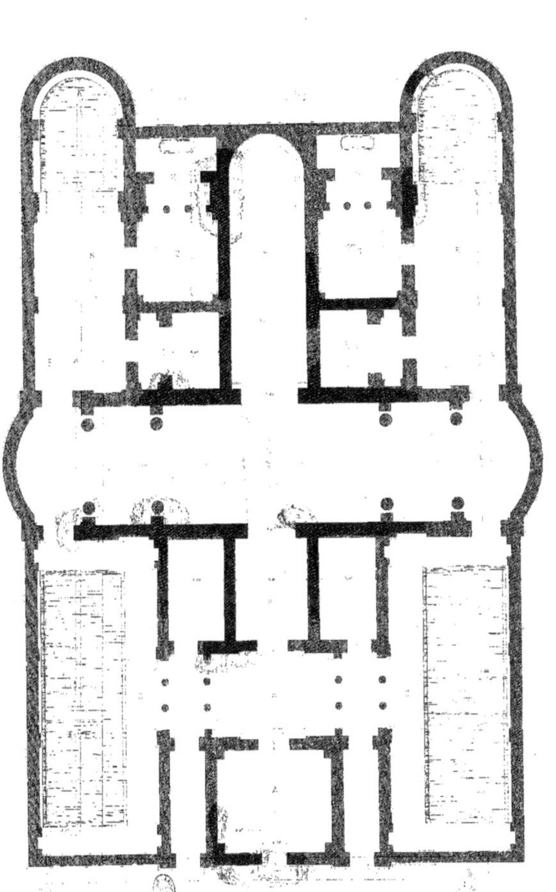

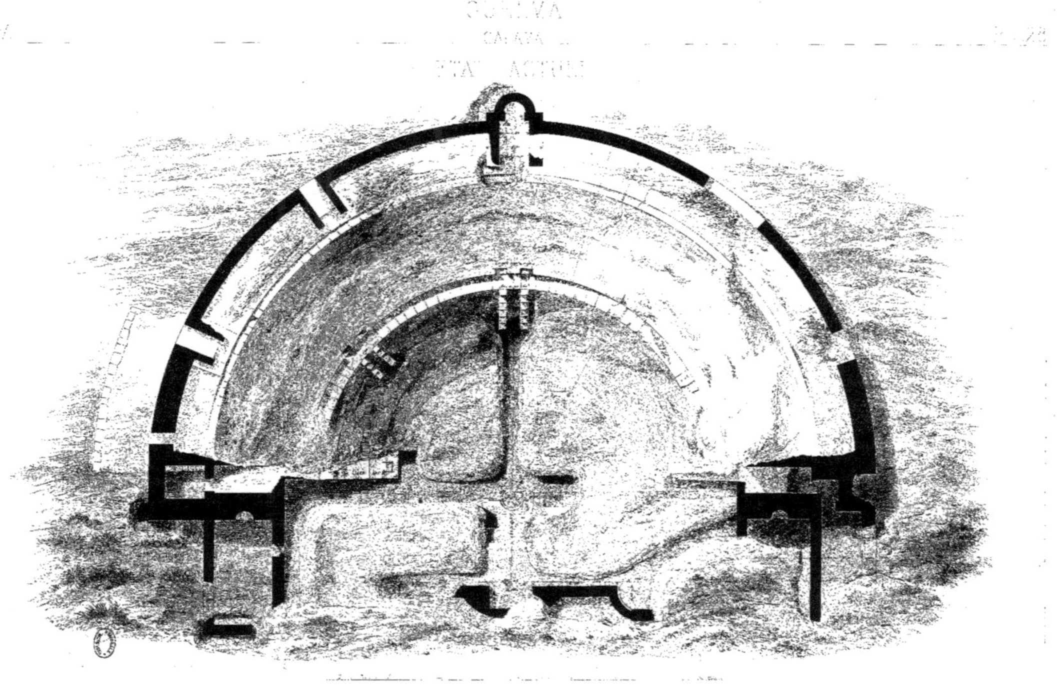
ÉTAT ACTUEL
THÉÂTRE ROMAIN

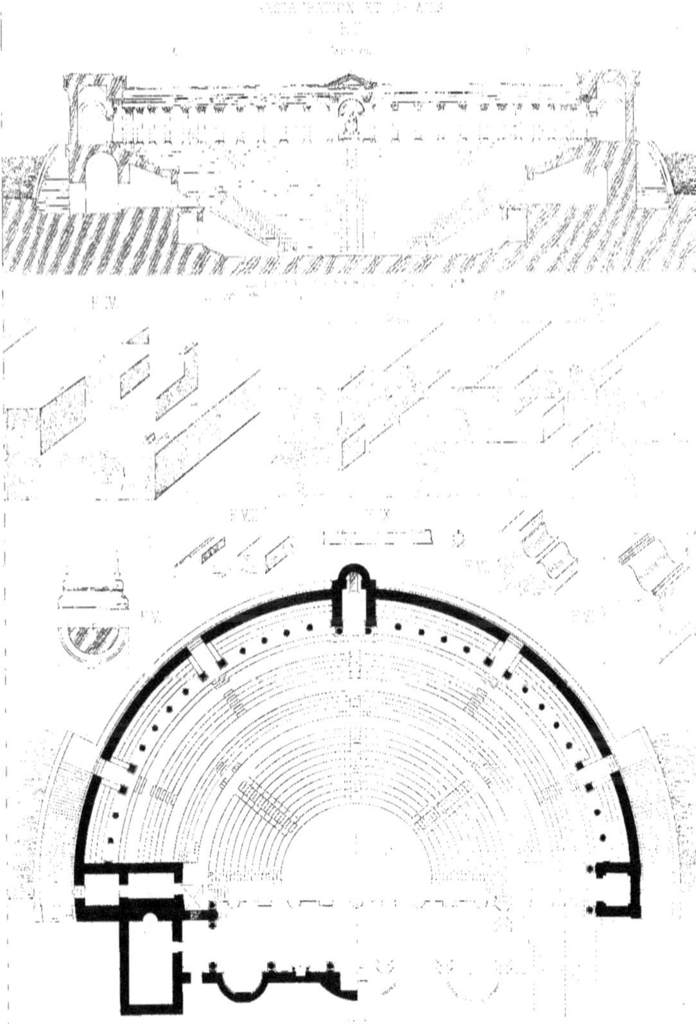

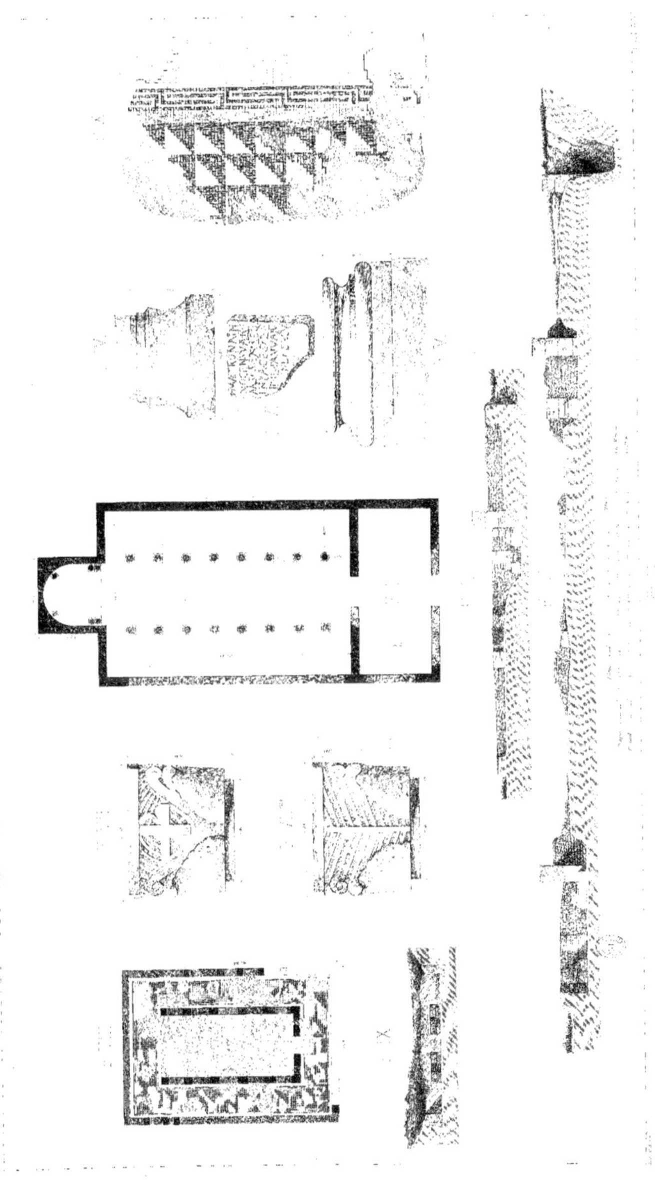

VESTIGES ROMAINS

PL. 34
GUELMA
·CALAMA·
· ENSEMBLE AV XX°· · DÉTAIL AV X°·
MOSAIQVE
(L)

SOL INTERIEUR
ACTUEL
SOL ANTIQUE
SOL EXTERIEUR AN...

UNA ET BISSENAS TURRES CRESCEBANT IN[Q]   [S]IN FIOTAS
MIRABILE M OPERA M O TO CONSTRUCTA VIDE[T]   R POSTICUS
SUBTERMAS H AUT EO CONCTUALT REE FRON V   OS MAIORUM
POTERIT ERIGERE MANU TRICI SOLOMONI NSII   TION NEMO
EXPUGN REVALEVIT DEFENSIO MARTIR IVF   POSTICU SIPE
CLEMENS ET INNOCENTIUS MARTURE VSTONI   EROITUM AT

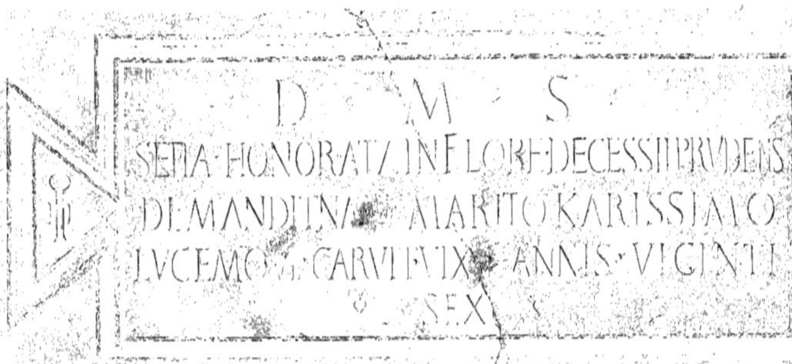

D   M   S
SEIA · HONORATA · IN FLORE · DECESSIT PRVDENS
DE MANDIT NA · MARITO KARISSIMO
LVCEMOQ · CARVIT VIXT ANNIS · VIGINTI
SEX

D M S
PVLLA
NIVS ROCA
IVS
IV A
XXXXIX
H S E
LICVTIA SA
NET A RVI

D
LICVTIA
SATVRNI
NA VA
H S E
IVRDIMAS
RVM VER IC

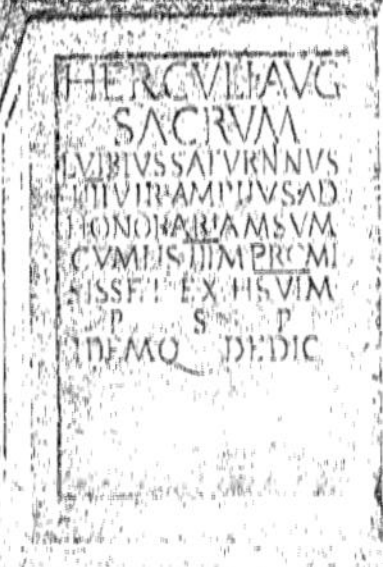

HERCVLI AVG
SACRVM
L VIBIVS SATVRNNVS
IIII VIR AMPLIVS AD
HONORARIAM SVM
CVMLIS IIII M PROMI
SISSET EX HS VIM
P   S   P
IDEMO DEDIC

SEIVS FVNDANVS NVTRIVIT NATOS DVO IN PRIMA
ALIATE EX GERMANA CONIVGA INSTVDIISQ MISIIET
HONORES TRIBVIT POST TANTOS SVMPTVS NO FRVITVS NE
MNIMNERAVIT NATOS EH ANC COEPIT OPERA SENEX LA
BORANS HAEC PERFE OMNIA V A   GERMANA
CONIVNX V A LXXX SORORI CONIVGIS OC
NAVIT MEMORIA QMEIVLIA PIVM VA LXXX ALPAS VIATOR LICTOR MIS CARMINIS

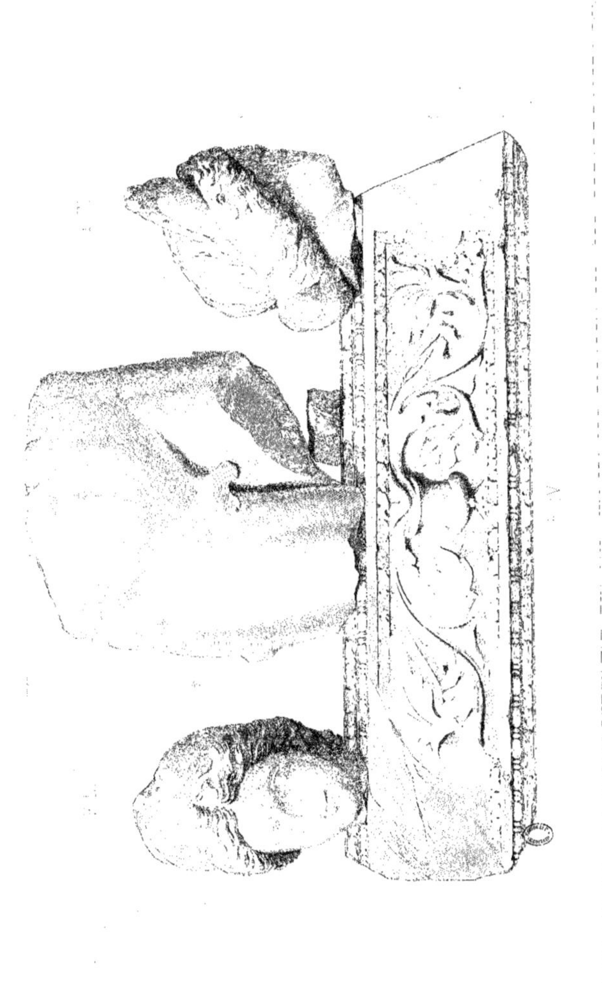

POSITION D'HYPPONE.

HYPPONE

HYPPOREGVS

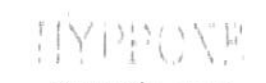

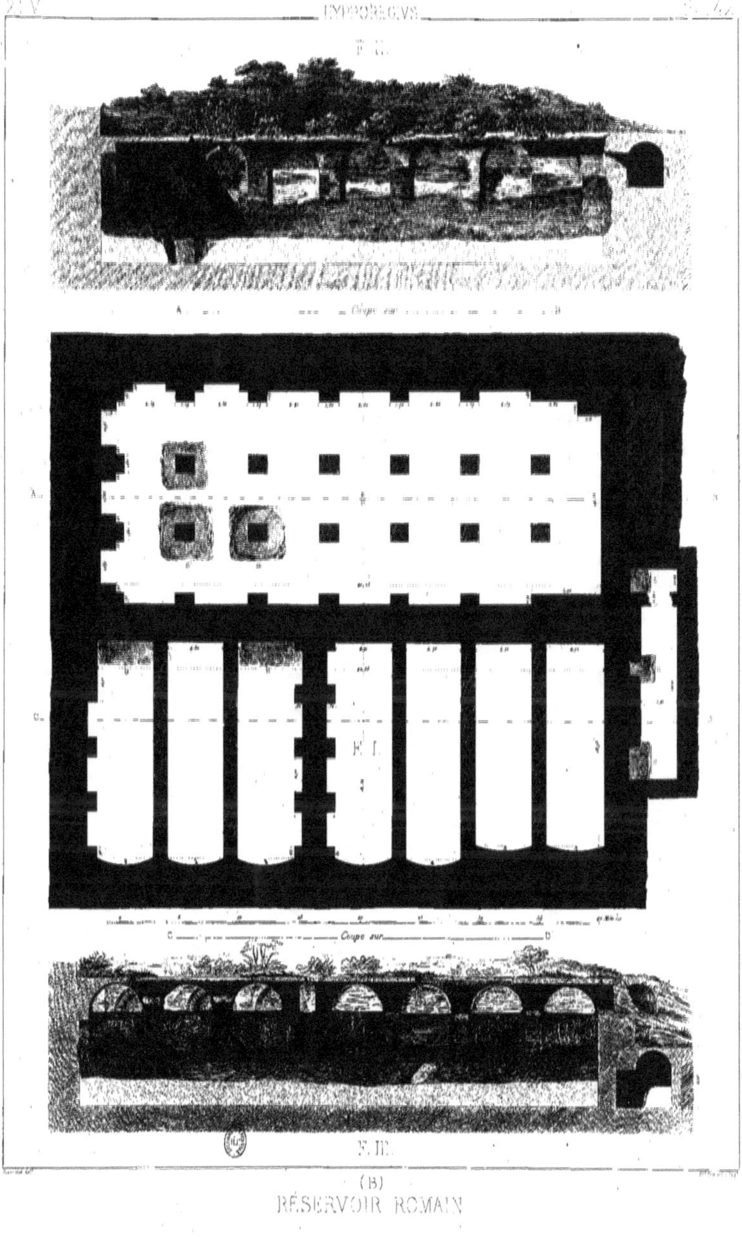

(B)

RÉSERVOIR ROMAIN

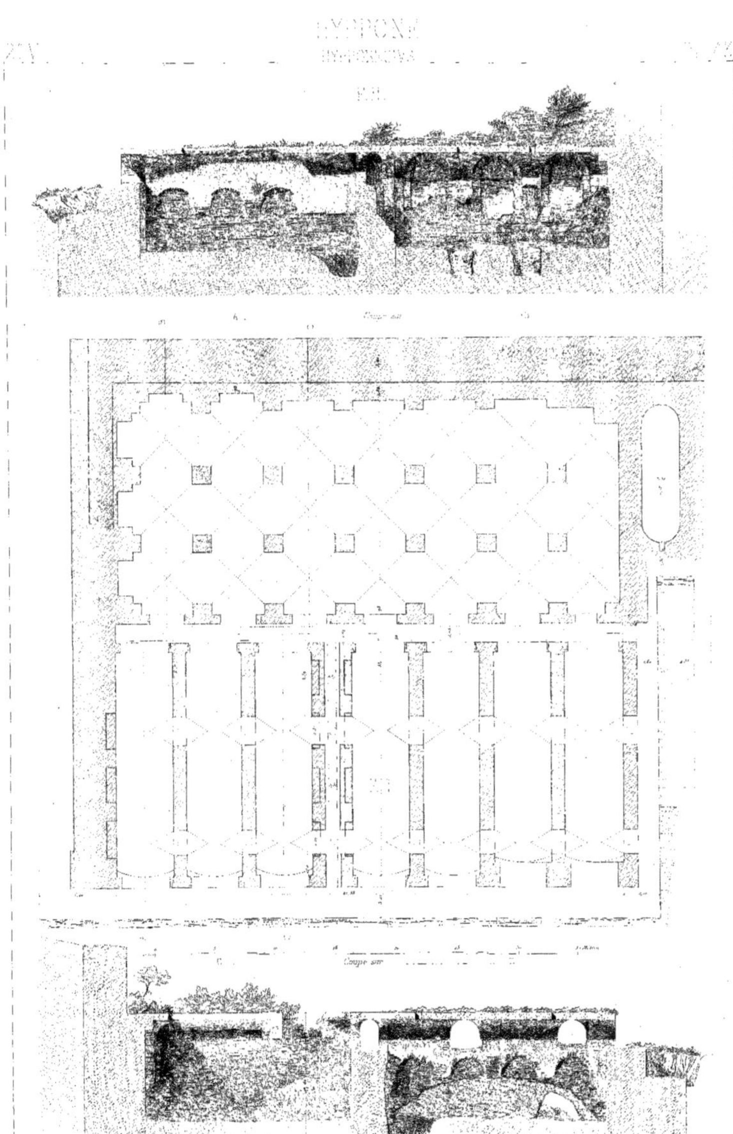
RÉSERVOIR ROMAIN

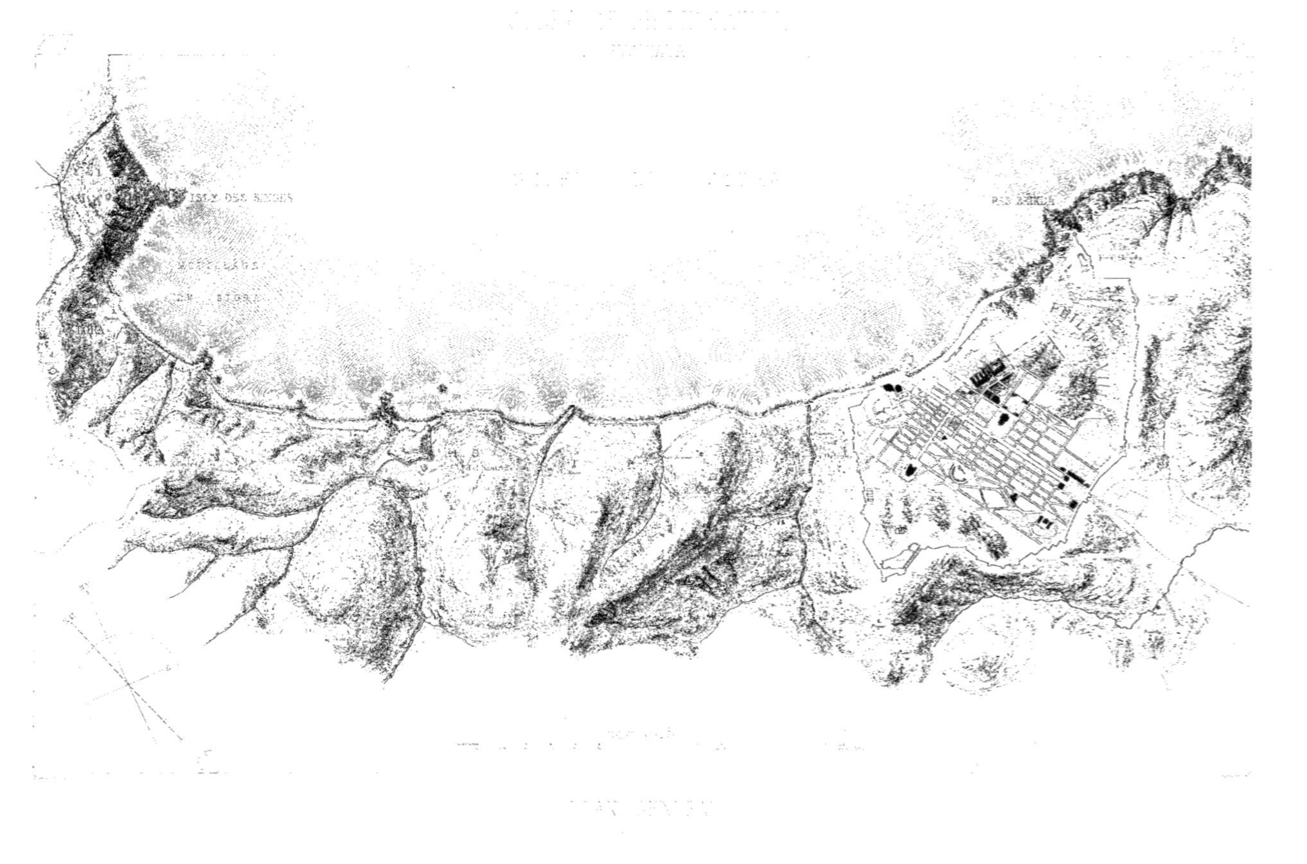

ISLY DES BAINS
RAS REBIA
PHILIPPEVILLE

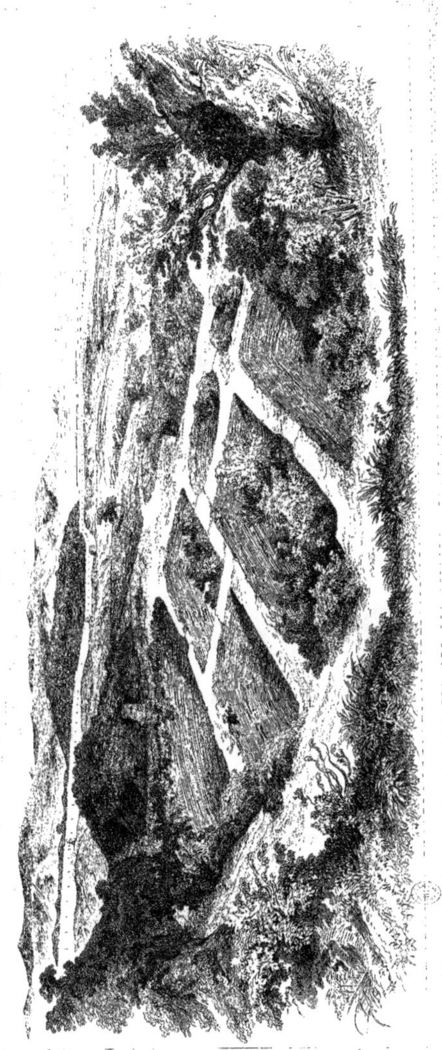

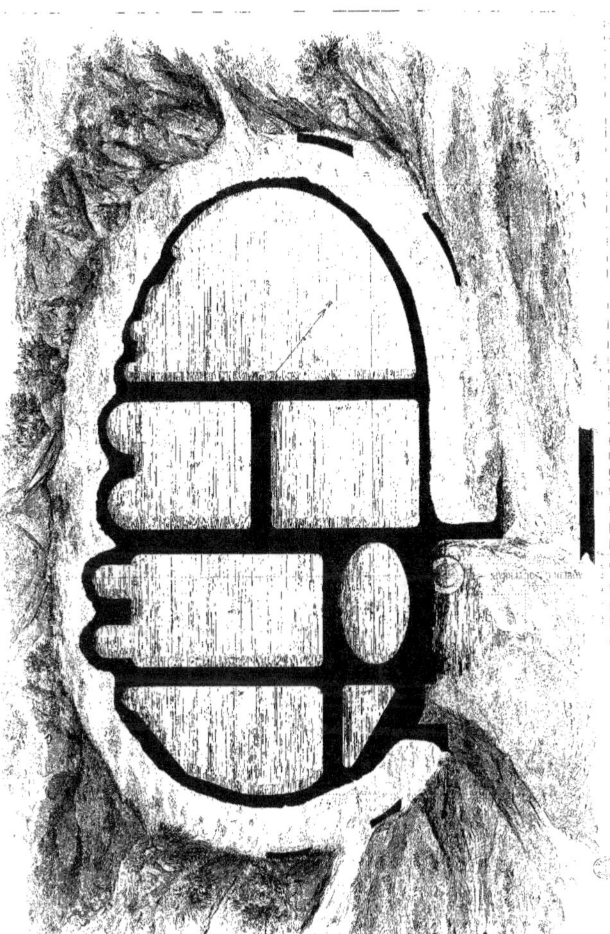

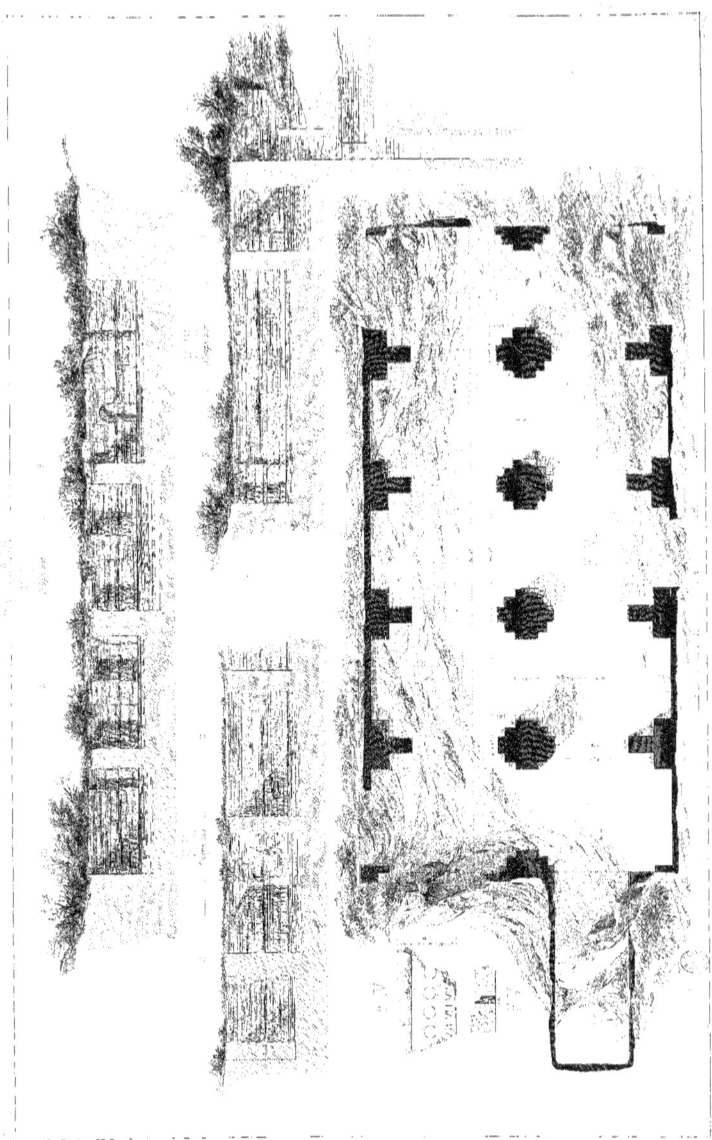

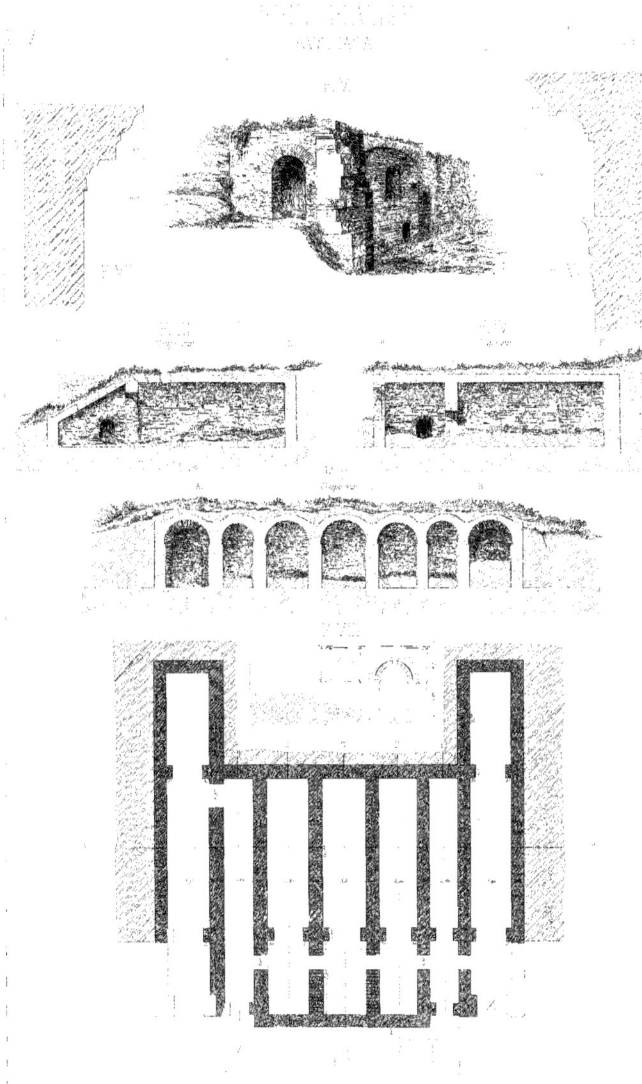

PL. VII.

BASS . . . POUVILLE

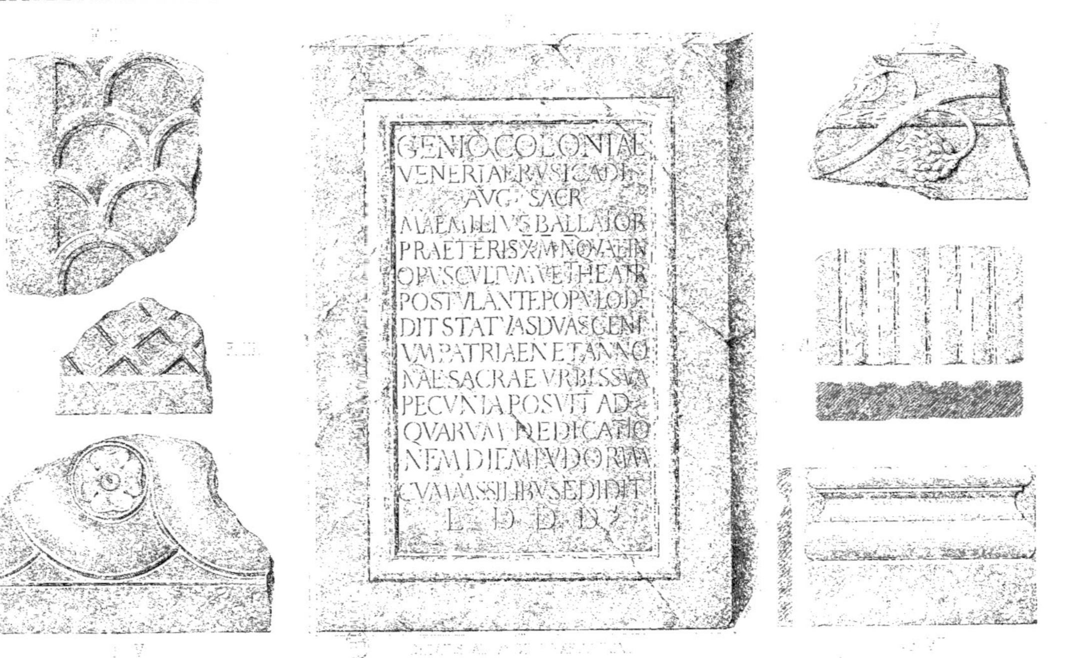

GENIO COLONIAE
VENERIAE RVSICADI
AVG SACR
M AEMILIVS BALLATOR
PRAETER IS X M N QVA IN
OPVS CVLTVM VE THEATR
POSTVLANTE POPVLO DE
DIT STATVAS DVAS GENI
VM PATRIAE N ET ANNO
NAE SACRAE VRBIS SVA
PECVNIA POSVIT AD
QVARVM DEDICATIO
NEM DIEM LVDORVM
CVM MISSILIBVS EDIDIT
L D D D

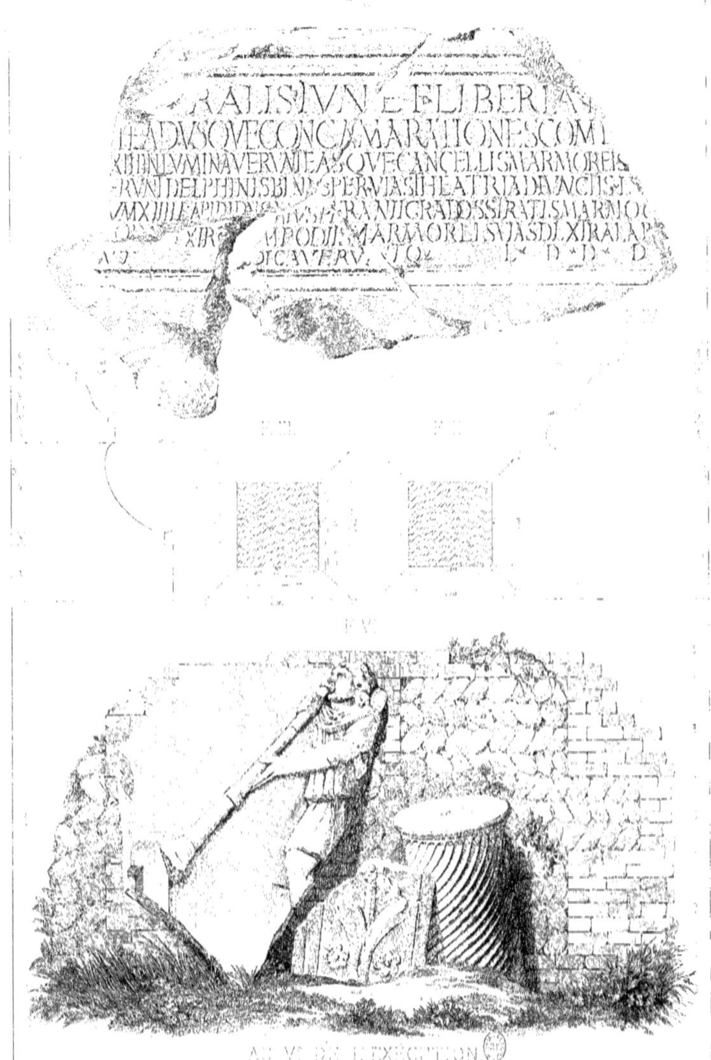

THÉÂTRE ROMAIN

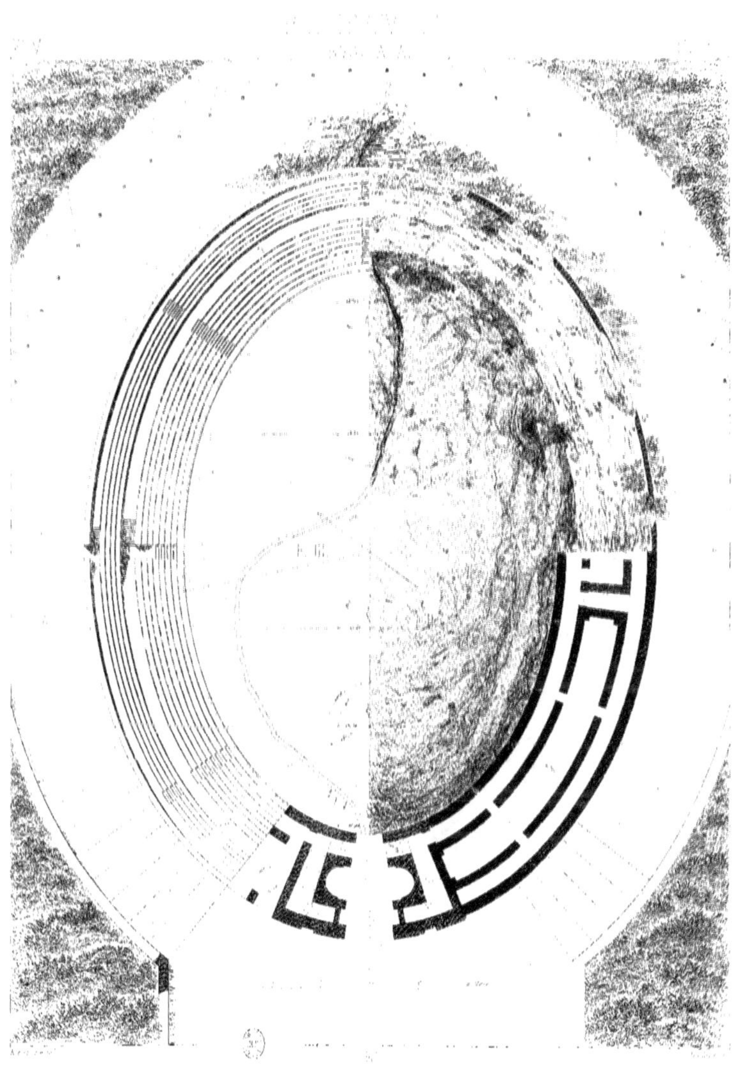

AMPHITHÉÂTRE ROMAIN

PHILIPPEVILLE

RVSICADA

SCVLPTVRE ROMAINE

SCULPTURE ROMAINE

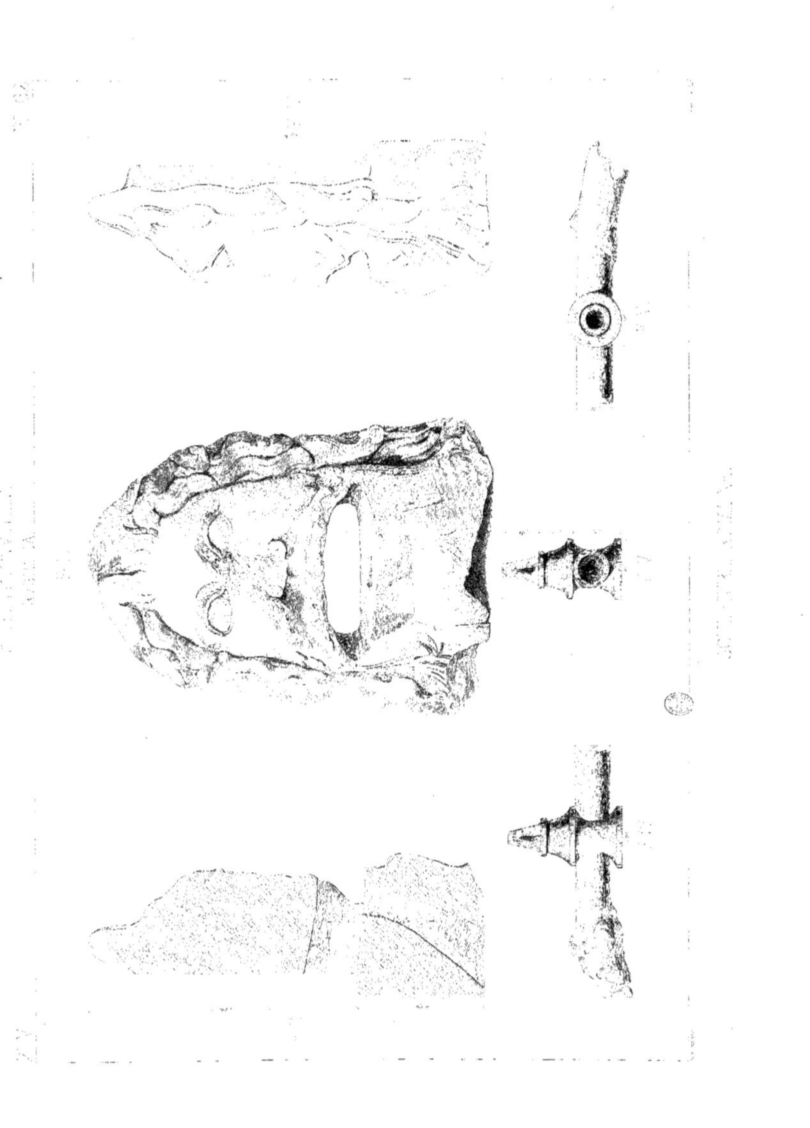

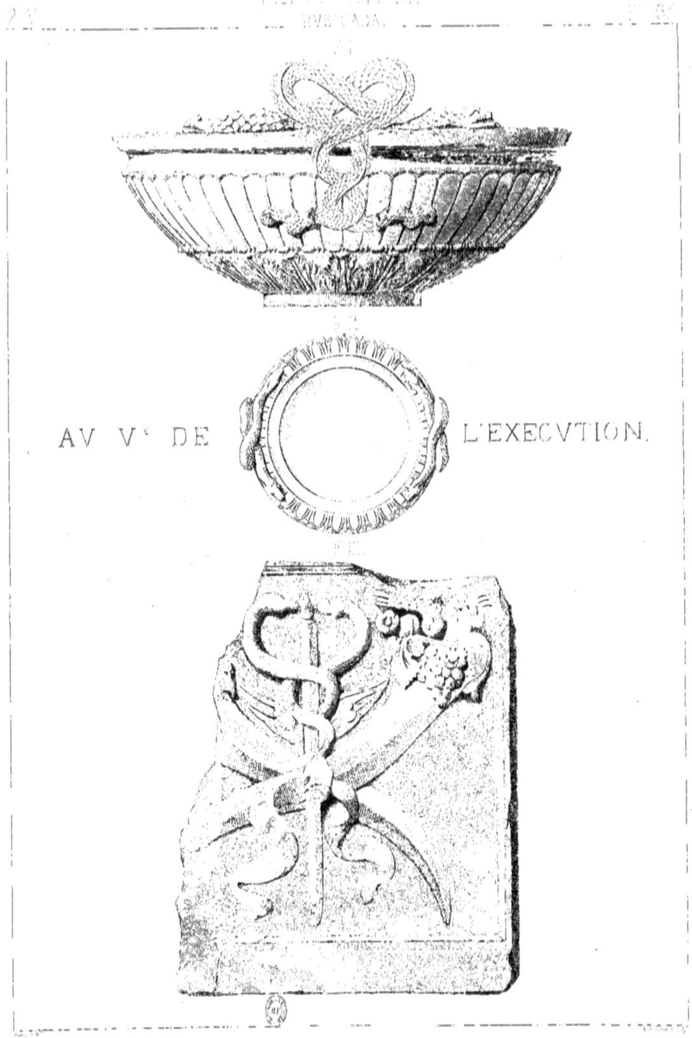

AV V.ᵉ DE   L'EXECVTION.

SCULPTURE ROMAINE

FRAGMENTS DE   DE MARBRE

DE   ET

STATUES   DE BRONZE

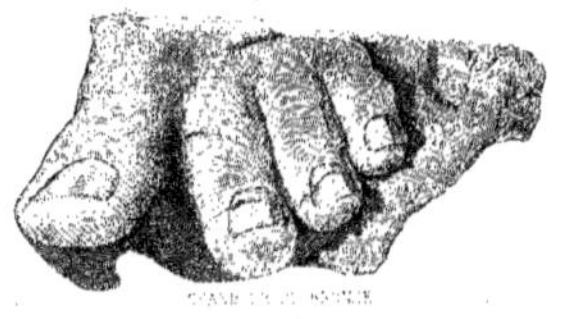

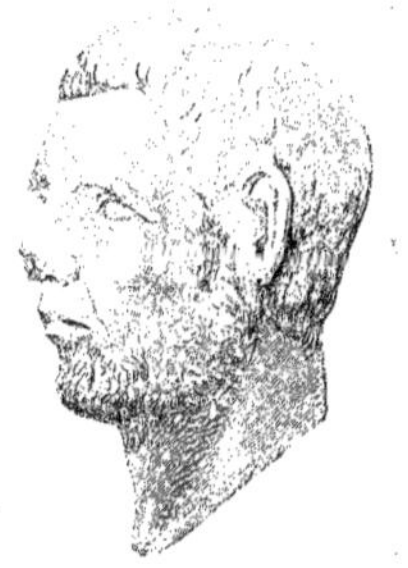

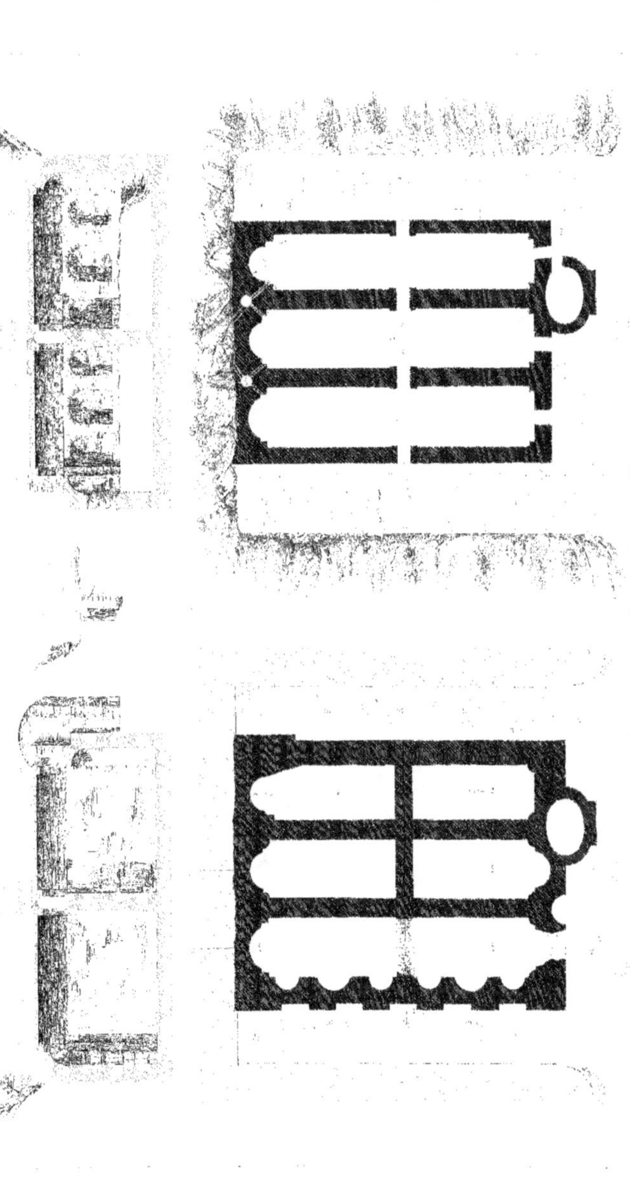